RED ROVER

好奇号

火星车太空探索记

【美】罗格·维恩斯 著

吕雅鑫 吴文智 译

谨以此书献给
与我一同踏上火星探索之旅且不离不弃的爱妻格温
以及
为实现火星探索之旅做出贡献的所有人。

湖南科学技术出版社

图书在版编目（ＣＩＰ）数据

　　好奇号：火星车太空探索记 ／（美）罗格·维恩斯著 ；吕雅鑫，吴文智译.
-- 长沙：湖南科学技术出版社，2016.9
　　书名原文：Red Rover:Inside the Story ofRobotic Space Exploration form
Genesis to the MarsRover Curiosity
　　ISBN 978-7-5357-7271-8

　　Ⅰ. ①好… Ⅱ. ①罗… ②吕… ③吴… Ⅲ. ①火星探测－普及
读物 Ⅳ. ①P185.3-49

　　中国版本图书馆 CIP 数据核字 (2016) 第 108655 号

Red Rover:Inside the Story of Robotic Space Exploration form Genesis to the MarsRover
Curiosity
by Roger Wiens
Copyright©2013 by Roger Wiens
Simplified Chinese translation copyright©2016
by Hunan Science and Technology Publishing Co.,Ltd.
Published by arrangement with Basic Books,a Member of Perseus Books Group
through Bardon-Chinese Media Agency
ALL RIGHTS RESERVED
湖南科学技术出版社通过博达著作权代理有限公司获得本书中文简体版
中国大陆出版发行权。
著作权合同登记号：18-2014-047

HAOQIHAO HUOXINGCHE TAIKONG TANSUOJI

好奇号　火星车太空探索记

著　　者：[美]罗格·维恩斯
译　　者：吕雅鑫　吴文智
责任编辑：李文瑶　孙桂均
出版发行：湖南科学技术出版社
社　　址：长沙市湘雅路 276 号
　　　　　http://www.hnstp.com
湖南科学技术出版社天猫旗舰店网址：
　　　　　http://hnkjcbs.tmall.com
邮购联系：本社直销科 0731-84375808
印　　刷：长沙超峰印刷有限公司
　　　　　（印装质量问题请直接与本厂联系）
厂　　址：宁乡县金洲新区泉洲北路 100 号
邮　　编：410200
版　　次：2016 年 9 月第 1 版第 1 次
开　　本：710mm×1000mm　1/16
印　　张：11
插　　页：4
字　　数：180000
书　　号：ISBN 978-7-5357-7271-8
定　　价：36.00 元
　　（版权所有·翻印必究）

ROVER

Inside the Story of Robotic Space Exploration,
from Genesis to the Mars Rover Curiosity

ROGER WIENS

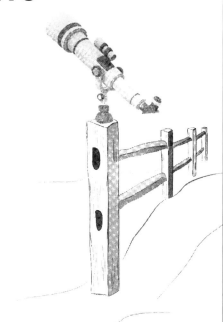

BASIC BOOKS

A MEMBER OF THE PERSEUS BOOKS GROUP
NEW YORK

Books published by Basic Books are available at special discounts for bulk
purchases in the United States by corporations, institutions, and other
organizations. For more information, please contact the Special Markets
Department at the Perseus Books Group, 2300 Chestnut Street, Suite 200,
Philadelphia, PA 19103, or call (800) 810-4145, ext. 5000, or e-mail
special.markets@perseusbooks.com.

All images reprinted with permission.

Book designed by Linda Mark
Text set in 11 pt Plantin MT by the Perseus Books Group

Library of Congress Cataloging-in-Publication Data
Wiens, Roger.
 Red rover : inside the story of robotic space exploration, from Genesis to the
Curiosity rover / Roger Wiens.
    p. cm.
 Includes bibliographical references and index.
 ISBN 978-0-465-05598-2 (hardcover : alk. paper)—
 ISBN 978-0-465-05199-1 (e-book)
 1. Space robotics. 2. Roving vehicles (Astronautics)—Instruments.
 3. Curiosity (Spacecraft)—Instruments. 4. Laser-induced breakdown
spectroscopy. 5. Mars (Planet)—Exploration. 6. Genesis (Spacecraft)
 7. Wiens, Roger. I. Title.
TL1097.W54 2013
629.8'920919—dc23

                                                  2012047020—

10 9 8 7 6 5 4 3 2 1

序　言

2011 年 11 月 26 日是好奇号火星车预计发射上火星的日子，我们盼这一天盼了整整十年。但从某种意义上对我而言，这一天，我盼了一辈子。

那天一大早，我的家人同数百位参与这项发射任务的工作人员的家属乘巴士前往肯尼迪航天中心。海风轻拂，吹散了漫天的云朵，但发射专家向我们保证，天气不会影响好奇号发射盛事。我们所处的观测台距离 210 英尺（1 英尺约 0.30 米，后同）高、350 吨重的宇宙神－5 运载火箭约 4 英里（1 英里约 1.61 千米，后同）远，虽然距离遥远但我们却看得很清楚。露天轻钢看台很快就挤满了从数十辆巴士上下来的家属。看台一侧立着一个大型倒计时钟和一组扬声器。我们的前方是一片潟湖，远处发射台再过去就是大西洋海岸。看台上有个区域挤满了技术人员和科学家，他们都参与了我负责了 8 年的项目——化学与摄像机仪器，好奇号的激光设备。我的同事及其家属还有从美国各州和法国赶来加入等待发射的激动不已的人群，共有一万多人聚集在佛罗里达州东海岸见证好奇号的发射。

距发射时间还有 40 分钟时，美国国家航空航天局局长查尔斯·博尔登通过广播向好奇号所有的工作人员致谢，感谢他们的努力使好奇号任务可能成真。剩下不到 4 分钟，观众全体起立唱国歌。剩下不到 1 分钟，扬声器传来严肃的声音，警告观众火箭发射的危险性，并发出免责声明，对于观众受伤，美国国家航空航天局概不负责。但最后几个字被观众闹腾的倒计时声音淹没了。我看到所有人都站起身，静候火箭发射。

"3……2……1……发射！"

随着一声"发射"，美国国家航空航天局体积最大、最具雄心的火星车离开发射台升空、加速，然后穿过人群的欢呼声直刺蓝天，从视野中消失。

*

太空，这一最后的边界，正在被越来越先进的机器人征服。就在你看到这段话的时候，太空中大约有 20 艘这样的飞行器，它们或漫游在行星间，或环绕其他行星运行，或绕卫星飞行。

过去十五年，机器人太空探索得到了重振，重振之路始于备受争议的第一台火星车，即仅23 磅（1 磅约 0.45 千克，后同）重的索杰纳号。现在，人类发明的航天器沿着水星、金星、月球、火星、小行星灶神星、木星和土星的轨道运行；其他航天器正飞往冥王星，或飞往彗星上着陆；另有三艘航天器正在飞离太阳系。有一艘航天器已在小行星爱神星上着陆，爱神星宽仅约 10 英里，还有一艘欧洲航天器也在土星最大的卫星土卫六上成功着陆。这些飞行器从月球、彗星、太阳（样本为太阳风）和系川小行星带回了样本。机器人探索涉及的范围绝对惊人，而我本人也有幸能亲眼见证其中的一些发展。

我的太空的初探是 2001 年发射的起源号空间探测任务，此时正处于太空探索新浪潮的初端。这是历史上第一次飞越月球返回地球的任务，还成功采集了太阳样本。

起源号标志着美国国家航空航天局迈入"更快、更好、更低成本"的时代，单次起源号任务的总成本仅为单次卡西尼号（Cassini，目前正绕土星运行）任务总成本的 1/15。起源号只装载了三台仪器和样本采集器。虽然起源号坠落了，但是它的成功却远远超过了我们大胆的预期。

相比之下，现今在火星上执行任务的好奇号显然是迄今人类送往火星最庞大、最复杂的火星车。好奇号探测器重达 1 吨，体积如一辆小型运动型多用途汽车。好奇号令索杰纳号简直相形见绌，它的重量是 2004 年登陆火星的双胞胎火星车——勇气号和机遇号总重的五倍。为了给好奇号和它装载的 10 台高能耗仪器提供动力，美国国家航空航天局用 24 小时提供动力的核电池取代太阳能电池。好奇号有 6 个铝钛合金制成的金属车轮，轮子直径达 20 英寸（1 英寸约2.54 厘米，后同），每个轮子都和汽车轮胎差不多高，但比普通车轮宽。好奇号的摇臂转向式悬挂系统能使车身离地近 2 英尺，因此好奇号是一台出色的全地形探测器。好奇号的桅杆顶部距离地面 7 英尺，这为立体相机提供了绝佳的视野。好奇号的机械臂能伸展 7 英尺，整台火星车充分延展时长达 17 英尺。*

最重要的是，好奇号装载了 160 多磅的科学仪器——它就是一台移动的先进实验室。好奇号载有数台高清的全彩相机、一台名为化学与摄像机仪器的激光相机、数件天气传感器设备、一台用于检测氧气的中子吸收仪、一台火星手持透镜成像仪以及阿尔法粒子 X 射线分光计，阿尔法粒子 X 射线分光计和先前的火星车上的光谱仪类似。好奇号机械臂本身的重量相当于一台前代的火星车总重量，机械臂上装有研磨钻和样本处理系统，可以为车上各种仪器采集并提供样本。火星车可用 X 射线分析样本确定样本的晶体结构，车上还有一个有机实验室可以检测是否有碳基分子。

好奇号火星探测任务的目标一直深深吸引全人类的心灵：确定红色星球火星的适居性，确定火星是否曾经适合微生物生存，确定火星未来能否适合人类居住。

我们幻想火星上存在生命是因为火星是唯一一个和地球十分相似的星球。火星的自转周期是 24 小时 40 分钟；火星上的重力约为地球上的一半；和其他星球相比，火星的温度和地球最接近；火星上存在大量的水和薄薄的大气层。实际上，较之地球，火星的大气中含有更多二氧化碳——植物吸收的气体。因此，无怪乎科幻小说和真实的科学中频繁出现地球化构想或创造富含氧的大气层。倘若哪天人类真能移居其他星球，那必定是移居火星。

如果说人类是梦想家，那么机器人就是实现人类梦想的先驱者。21 世纪早期最激动人心的太空探索都是由航天机器人完成的。正如前辈们的探索——刘易斯和克拉克、哥伦布、麦哲伦、马可·波罗或是海军上将佩里的探索——太空探索的目标是探索未知的遥远领域。虽然不会有人因此丧命，但这关乎工作、名声和科学发现的成败。这是一项风险大，但无比光荣的事业。

本书根据我的亲身经历，讲述了过去十年间若干最吸引人的机器人太空探索项目，展示了机器人太空探索新时代的起起落落。无论是起源号坠落的震撼，还是好奇号飞行时的

---

* 机械臂长 2.2 米。当它伸展开时，整个好奇号探测器长 5.2 米。好奇号的轮子直径为 50 厘米，重达 900 千克，其中装载的科学仪器重 75 千克。

振奋，亦或是介于这两者间的每次探索，我都深深体会到胜利的狂喜以及失败的痛苦。我从不敢妄想自己想象中最有趣的事竟能成为我的职业，即发明精密的机械装置并让它们升空去探索太空。但，事情就是这么发生了！本书是这段探索故事中似真似幻的部分，它成就了我在太空探索史上扮演的小角色。以下将展开的是我本人亲眼所见的火星探索任务的精彩故事。

目　录

第一部分

起源号

第一章

从明尼苏达到月球

1990年1月某日，南加利福尼亚州下着湿冷的雨。我从住了两年的圣地亚哥住宅驱车前往加州理工学院参加一场工作面试。在那条高速公路上开车，我很紧张，因为我只在如此繁忙的高速公路上开过一两次车。我一边开进帕萨迪纳的道路，一边回想自己在明尼苏达西部的童年时光。记得当时有个同学说"加州理工的学生都是天才"。那时，我很想知道身处加州理工是什么感觉，想知道身边全是世界上最聪明的人是什么感觉。现在，即将揭开谜底。

我停好车，找到面试的教学楼，那是一栋西班牙风格的建筑。踩着石瓷台阶上楼，头顶上方是蓝绿色的圆形屋顶，我走进又高又暗的走廊，抬手敲了第一个办公室的门。前来开门邀我进去的是一位教授，他身材矮小，脸饱满圆润，大脑袋锃亮。一进门我就注意到一台20世纪80年代早期的TRS‐80，那是第一代个人电脑，早已寿终正寝。除了这台电脑，房间里满是书架，上面堆叠着各类书籍和文件。

这位名叫唐·伯内特的地质化学教授正面对我坐下，微微点了点头（后来我越来越习惯看到他做这一动作），然后说："嗯，基本上，你被录用了。"

"谢谢您！"我回道。这可能是有史以来最短的一次职场面试。

那时我们讨论的工作是研究一个新太空实验项目的可行性，之前我从未做过这样的工作。唐想采集太阳粒子样本并将其送返地球，以期进一步了解太阳的成分。20世纪60年代初期，人类首次观察到太阳能够抛射出源源不断的原子流。制造设备来监测这些原子流的数量、速度和其他性质相对比较容易；但是，检测这些原子流的成分却是众所周知的难题。唐认为，与其在航天器上用携带的设备分析这些原子流，不如把样本送回地球分析。

　　早些年我就见过唐，当时我们讨论过未来一起工作的可能性。但当我博士毕业后，我突然不确定自己是否应该投身太空探索事业，也没妄想自己有朝一日可以参与唐的研究项目。所以我决定接受另一份工作，现在，我另谋的那份工作陡然画上了句号，除了联系唐，我想不到其他方法。我们花了 2 个小时讨论当前的工作。唐曾是阿波罗登月计划中一个实验项目的负责人，但是他和我一样，在机器人太空探索领域都是新手。我们将一起学习如何胜任这项工作。

　　开着我的雪佛兰老爷车，在拥堵的路上缓缓驶回圣地亚哥，一路上我都在想自己当年是怎么偏离太空探索事业的。我对太空探索一直有强烈的兴趣，自小我就梦想成为发明家。但梦想只是梦想。毕竟我是在明尼苏达州西部一个门诺派农庄长大的。对于这样的出身，我从来不敢相信儿时的梦想——火箭和太空探索梦——可能成真。

　　我的哥哥道格比我年长两岁，我俩亲密无间。我们都出生于太空时代，道格出生在伴侣号发射前后，我出生在水星计划时期。我们兄弟俩和农庄里的孩子有点不同。对我们哥俩来说，20 世纪 60 年代末是火箭和天文学的年代。在当地的图书馆看到《童子军生活》杂志上的一则广告后，我们便着手制造火箭模型。父母让我们买了初学者工具包，小学三年级时我体会了首次发射。虽然降落伞被树缠住了，但自那时起，我爱上了一切可以升天的事物。随后五年，我们建造了一个小型火箭军火库，库里有一级火箭模型、二级火箭模型、三级火箭模型，还有探空火箭模型、弹道导弹模型和航天运载器模型。我们收藏的模型包括：飞行蜜蜂号、复仇者号、阿尔法号、远端号、天钩号、火星侦探者、契洛基号和执行美国水星计划中第一次载人任务的水星-红石 3 号的模型，还有一个又大又丑的模型，叫作大伯莎。

　　我们的工作台是一张贴着生产商"富美家"红色标签的旧餐桌。火箭模型零件一般很容易组装：裁下薄巴尔沙轻木片，将其制成数个火箭尾翼，把尾翼粘到箭身上，加上一些步骤，火箭模型就完成了。但我们的"质检工程师"道格坚持每个尾翼至少要敷七层密封物，所以每层用于磨光的细砂纸越来越细。此外，在这之前，我们精确地将每个尾翼的前缘打磨至最佳的空气动力学造型。而且，尾翼的组装也很讲究，我们用很多层黏胶确保箭身和尾翼的连接处平滑又牢固。我们还仔细考量了火箭模型的涂装，找来贴花贴在模型上，我们小心翼翼地用剃须刀片割开彩色胶布，将胶布粘在模型上。

当升级到制作推力更大的火箭模型时，我们丢失了一些模型，尤其是二级和三级火箭模型，因为它们飞得太远了。解决模型失踪的方法就是给它们装上无线信标器，无线信标器包含一块小电池和一些无线电元件，我们把这些元件焊接在电路板上。这样一来，只要接通电源，无线信标器就会把无线信波传输到我们的步谈机上。

我们哥俩有各种火箭模型的玩法。我们将这一爱好和摄影结合，在火箭模型公司举办的比赛中获了奖。我们制作了一部可以装载在模型上的相机，然后从空中拍摄了我们家附近和小镇的画面，之后再把地下室当作临时暗房，在那里冲洗照片。

有时我们也会发射爆炸物，夜晚，我们一起欣赏着农庄上空绽放的烟火，而且还发现浸过汽油的纸巾一旦燃烧就会飘得很远。

毫无疑问，是美国国家航空航天局的阿波罗计划激发了我们哥俩的这些爱好。1961 年，肯尼迪总统在国会参众两院联席会议上提出在 20 世纪 60 年代之前把人类送上月球。自从家里购置了电视，我和道格作为太空探索的忠实粉丝观看了每次载人发射。让我印象尤为深刻的是圣诞夜发射的阿波罗 8 号，那是人类第一次登月任务。

1968 年 12 月 21 日，阿波罗 8 号航天器成功发射，这是美国近两年来的第一次载人飞行。1967 年，阿波罗 1 号航天器模拟演习中的一场大火将整个计划推迟了数月，系统需经重新检查和重新设计。那时很多美国人都担心苏联会趁机赶超美国的太空探索。1968 年 10 月，阿波罗太空舱（阿波罗 7 号）在地球轨道进行测试后，美国国家航空航天局做了一个重大决定以弥补耽误的时间。美国国家航空航天局正式宣布将用巨大的土星 5 号运载火箭发射阿波罗 8 号，此次飞行不做任何地球轨道测试直接飞往月球，同时这还是土星 5 号火箭的第一次载人发射。阿波罗 8 号太空任务说不定会让美国在和苏联的太空竞争中取得领先地位。

对于在乡下长大的小孩来说，我们只能隐约感觉到 20 世纪 60 年代动荡的时局，但也清楚地知道，两个国家在竞赛，而阿波罗 8 号的发射就是这场太空竞赛的关键。此次任务可能让美国在太空竞赛中遥遥领先，任务也很可能会由于本身的风险性而以灾难告终。此前已有很多发射到星际空间的探测器偏离轨道，以失败告终，所以载人登月飞行的风险绝非空穴来风。

阿波罗 8 号发射那天恰好是圣诞节假期的第一个早上。我和道格都非常振奋，无论如何都不能错过这次发射，至少我们是这么想的。

12 月 21 日早晨，本来以为哥哥会准时叫醒我，一起见证土星 5 号将载人航天器送上月球的历史时刻。但当我醒来时，太阳已高高升起，道格早已不在床上！反倒是屋里充斥着一股奇怪的恶臭。我跑到楼上，发现电视是关着的，而且发射时间早就过了。我到处都找不到道格，然后，妈妈看到了我。

"孩子，你哥哥必须住院，希望他没事。"妈妈试图安抚我。后来我才知道，那天夜里道格吐血了，他几乎丧失知觉地爬上楼到父母的卧室，父亲是我们小镇上的医生，他火速把道格送往医院。

原来道格患了胃溃疡，但是那时我真的以为他快死了。因为我们兄弟俩很亲密，所以道格住院一事颠覆了我的世界。随后几天，我都在屋里漫无目的地游荡，满脑子挂念的都是道格，只有偶尔才会想起那些在登月途上的宇航员们。更糟的是，第二天暴风雪来了，暴风雪包围了我们这座位于草原的小镇。几英尺高的积雪很快将附近的路都封死了。我被新的恐惧感紧扼——道格可能被困在医院，医院里没有医生！幸好黎明时分，一辆大扫雪车停在我家门口，发动机隆隆作响，车灯闪烁。原来是古森先生开着扫雪车来接父亲到医院。风暴肆虐的那晚，父亲陪着哥哥。

当宇航员们继续他们的太空旅行时，我们的小镇从暴风雪中恢复过来了，哥哥也逐渐康复了。终于，我人生中最漫长的 3 天终于过去了，道格出院了，那一天也是宇航员们绕月飞行的日子。

那一晚，当登月舱绕月飞行时，全国联播都转到圣诞夜特别频道：第一个来自月球轨道的直播。拆完圣诞礼物后，其中有一件是玩具火箭，我们一家人围坐在厨房里的黑白电视机前。道格身上披着毛毯，所有人都聚精会神地看着电视。新闻主播沃尔特·克朗凯刚一介绍完，图像便切换到 25 万英里外的宇航员身上。

"休斯敦，欢迎来到月球……这是'阿波罗 8 号'为您带来的现场直播。"

威廉·安德斯、吉姆·洛威尔和弗兰克·伯尔曼三位宇航员继续向观众展示在他们下方 60 英里外的月球地形并加以介绍，同时，他们还分享了拥有独特视角的感受。最终，夕阳西下之际，直播也到了尾声。安德斯朗读了《圣经·创世纪》前十节，然后做了告别：

"这里是阿波罗 8 号，在结束时，我们想说晚安，好运，圣诞快乐，上帝保佑你们，在地球上的每一个人。"安德斯刚说完这些话，阿波罗8号便消失在月影的黑暗中。

那的确是个难忘的圣诞节。

*

除了火箭，我和道格对天文学也很着迷。当我读四年级时，一个从商店买来的望远镜模型开启了我俩观测星空的道路，但很快我们就开始幻想如果有个更大的望远镜能看到什么。怎样才买得起大望远镜呢？梦想中的望远镜要几百美元，这对我们兄弟俩而言是天文数字。幸运的是，我俩都兼职送报，而且每个夏日我们都在爷爷的农场里干活。所以我们有了分次买望远镜组件的想法，有钱就买。比如，不用100美元就可以买到6英寸抛物柱面镜，再把柱面镜和目镜组装到长板子上，这样就省下了镜筒的钱，镜筒可以以后再买。

组装望远镜迫在眉睫，因为那个夏末火星会来到很接近地球的位置。每隔27个月会发生一次冲日，即火星和地球绕太阳公转时会重叠一次，当两个星球如此靠近时，火星将看起来比其他时期更大更亮。我们不愿错过这样的机会！

一个世纪前，欧洲天文学家乔范尼·夏帕雷利声称他通过望远镜观测在火星上看到了运河，大约15年后，美国天文学家帕西瓦尔·洛威尔也声称自己看到了运河，运河是外星生命迹象。但是，后来更大的望远镜可以更清晰地看到火星表面，所以水道被证明并不存在。20世纪60年代低空定点飞越火星的太空航天器没发现任何"运河"迹象。但是"运河说"却大大激起民众对红色星球的兴趣。1971年，美国国家航空航天局正在准备美国第一个火星轨道飞行器——水手9号。但我们哥俩仍迫不及待地想用自制的望远镜观察火星。

用送报挣的钱和父亲换支票，我们买来了抛物柱面镜、目镜和接合环，到贮木场买了足够的夹板，用于制作望远镜镜体。我们还买了一根栅栏柱，把它固定在屋子后方的暗处。我们把望远镜抬到屋外，并将它和栅栏柱接合。把那么个硕大的望远镜抬到屋外果真需要兄弟齐心！

我们的辛苦有所回报了！我们终于观察到了距离地球不到3500万英里的火星！看到了当年洛威尔、夏帕雷利和其他火星观测者们所说的或明或暗的火星地形。我们最喜欢的火星特征之一是暗区大瑟提斯高原，其东侧经缓坡降至平原。某些夜晚，当火星大气环流紊乱时，火星表面好像总是在沸腾。每当这个时候，大瑟提斯的底端可能会以线形的方式和它下面的地形相连，所以能想象到洛威尔眼中广阔的火星沙漠里的运河。日子一天天过去，当火星的冬天来临时，我们看到了火星的一个极冠。当时根本没想到有一天我设计的仪器竟会登上儿时从望远镜中观看到的红色星球，并对其展开探索。

同年晚些时候，随着火星离地球越来越远，我们的爱好从天文学延展到其他领域。我们听说过美国变星观测者协会，这是一个业余天文爱好者组织，这些天文爱好者通过观测帮助专业天文学者，以期认知并归类亮度发生周期性变化的变星。该协会从不问会员的年龄，所以我们成了经常贡献数据的会员，记录并提交一些我们最喜欢的变星数据，比如：北冕座 R 变星、狮子座 R 变星和大熊座 Z 变星，同时还熟悉了多恒星系统、气体云、行星状星云、星团、邻近的星系和流星雨。夜空有许多美丽的奥秘等待人类发现。

随着我和道格逐渐长大，我们还参加了其他活动：踢足球、在杂货店兼职和上高中。与此同时，美国突然中止了登月计划，太空探索计划逐渐被淹没在其他国家大事中。当然，美国国家航空航天局仍不放弃，但是它的预算被削减至不到 20 世纪 60 年代的三分之一，宇航员们不再去离地球很远的地方探索，太空探索的主体换成了机器人。

其实在 1973 年，当宇航员最后一次进行月球漫步时，美国国家航空航天局实际上就在积极打造大胆的机器人探索火星计划——海盗号，这一项目包括两艘极为相似的探测器：海盗 1 号和海盗 2 号，每艘探测器都载有一个轨道飞行器和一个着陆器。1971 年，苏联的火星 3 号航天器在大规模尘暴中成功在火星着陆，然而火星 3 号仅仅传回 14 秒的信号，此后就因不明原因与地球永远失去联系，但火星 3 号标志着苏联曾在太空竞赛中打败美国。那也是苏联最后一次从火星上传送信号。

海盗号火星任务是要利用轨道飞行器绘制火星全图，然后让两个海盗号探测器着陆，用于探索火星上有无生物并进一步了解火星环境。轨道飞行器发回的图像用于着陆点的选择。两个半吨重的着陆器在母船着陆火星一个月后分别着陆成功。海盗 1 号在火星上工作了六年，在传回的一勺样本中提供了火星土壤和岩石成分、火星大气构成和火星季节变化的信息。海盗号最为人知的还是它的生命探测实验，其中有个实验检测到了火星土壤湿润时释放出的氧气，这为火星上存在生命提供了正面结果。但是，由于其他生命探测实验没有提供正面结果，所以，这些结果大都被抛弃了。2008 年，凤凰号火星车发现了火星上的氧气是土壤中高氯酸盐释放的。

可惜的是，海盗号的成功并没有为美国国家航空航天局带来后续的火星任务。下一个探测器登陆火星竟是 20 年后的事了！

惊喜的是，就读研究生期间我得到了一个研究火星的机会，尽管那并不是太空探索的一部分。到明尼苏达大学上学前的那个暑假，我在明尼苏达大学物理与航天学院教授罗伯特·柏平的实验室找到一份工作。柏平教授主要研究岩石和陨石，我们称之为远古小行星样本。我们在实验室里追溯这些"陨落星星"的形成年代，发现它们的年龄只比太阳系稍微年轻点，和太阳系不同的是，这些小行星会在相对较短的时间内冷却并像火山那样休眠。

在罗伯特教授的实验室里，我最感兴趣的是一组陨石，这组陨石并非在太阳系早期形成的。它们相对年轻的年龄表明它们肯定来自行星形成后某个地质活跃的地域，而火星恰好在地质活跃地域的可能名单中。但当时的理论家认为没有岩石能经受住飞离火星时的震荡波，他们排除了陨石从火星表面脱落下来并以某种方式穿过星际空间来到地球的可能性。

之后，约翰逊航天中心一名研究员在确定这些岩石的年代时，发现陨石内有小气团，气团内气体的成分和海盗号检测的火星大气成分一致。这是个有趣的证据，但还不足以证明这些气体来自火星。真正的线索隐藏在氮气中，罗伯特博士的陨石实验室刚好对氮气做过微量研究。在我就读研究生一年级期间，罗伯特实验室里的另一名研究员分析了这些可能来自火星的岩石样本，分析得出的结果令人非常信服——这些岩石的确来自火星——但也引发了很多问题，比如：这些岩石如何经受住飞离火星时的震荡波？气体怎么跑进岩石内的？

地球上发现火星岩石，这一新闻吸引了全国媒体的注意力。而我自己一想到可以研究这些岩石就激动不已。我写了一份项目申请书，并得到经费来研究这些岩石。接下来的几年时间，我们深入地研究了火星气体，并得出了一些关于研究火星形成时期的新视角。我的研究部分在约翰逊航天中心进行，在那里我甚至亲手握过一块这样特殊的陨石。虽然，我全身心地热爱这份工作，但当时我仍认为火星对我而言只是一时的爱好。

这就是为什么几年后当我偶然得到加州理工学院的工作，并参与一项可能的太空计划时，我是那样的惊讶。虽然，确切地说，那并不是个火星任务，但那时候看来它与火星任务所差无几。

第二章

时代的曙光

虽然在加州理工学院工作的前景让我激动不已，但我从事的这项工作最初看来似乎是个死胡同。对星际探索来说，20世纪80年代可谓是黑暗的十年。1978年至1989年期间，没有一艘航天器飞往月球或其他星球。海盗号之后就不再有火星任务。据说航天飞机的发射成本较低，因此美国国家航空航天局把资源集中用于研发航天飞机，想以低成本飞上太空，但却从未实现。1981年，在推迟了数年后，第一架航天飞机终于被送上飞行轨道。随后几年，美国国家航空航天局致力于增加航天飞机的数量和每年的飞行次数。但在距第一架航天飞机发射还不到5年的时候，挑战者号失事再次提醒所有人，宇宙航行仍是危险的任务。

由于大幅度削减预算，在这一时期，美国国家航空航天局各项机器人探索项目也遭遇了悲惨的命运。一般说来，事件发展顺序如下：先由一群科学家设想大型航天项目，然后经国会审核项目方可通过，但是一旦计划开始付诸实践，成本就会急剧上升，最后任务往往会被取消。

不仅是新的大型航天项目被长年推迟或者被取消，那些通过审核的项目也很容易失败。一艘大型宇宙航天器的失败意味着几十亿美元的损失和多数人科学事业的中断。20世纪70年代提出的伽利略号木星探测器最终在1989年升空，但其主天线却从未成功打开。1990年发射的哈勃空间望远镜被发现主镜片存在严重缺陷。*

＊ 美国国家航空航天局最终解决了这两个问题。伽利略号通过备用天线发出的每秒钟几比特信号仍可以和地球通信，数据能通过高效率压缩技术编制程序；而哈勃空间望远镜则是在几年后装上了矫正镜片。

此外，在这一阶段后期，两项孕育中的新项目进展状况也不佳。1987年，哈雷彗星光临内层太阳系时，有一群国际太空探测器被送去探测彗星系统，美国在退出该国际合作时提出了彗星交会和小行星飞越计划，即发射航天器交会彗星，然后跟着这颗彗星飞行三年。但最终只有苏联和欧洲的探测器成功访问了哈雷彗星。除了彗星交会和小行星飞越计划，另一个太空计划卡西尼号也被设计用于访问有光环的土星。随着这两项计划的同时进行，总开支超过预算。显然，美国国家航空航天局的预算只够支持一个项目，最终，政府不顾科学界的抗议声，取消了彗星交会和小行星飞越计划。

然而，第三个大失败还在后头。1992年9月发射的火星观察者号是20世纪70年代以来美国首次发射执行火星任务的航天器，该探测器斥资10亿美元，而且拥有一系列高级远程感应仪器，它将从火星轨道上寻找水、记录火星天候和绘制火星表面图。但在到达火星近一年后，火星观察者号突然与地面失去联系。这也是20年来最后一项大型火星任务。

在这种社会大背景下，丹尼尔·戈尔丁于1992年4月1日接任美国国家航空航天局局长一职，戈尔丁一上任就力推小型机器人太空项目。这种项目有很多优点：第一，美国国家航空航天局可以发射更多小型机器人上太空，这样一来，小型机器人太空项目会被快速发展；第二，小型项目可承担较多风险，减少太空探索的总开支。

美国国家航空航天局的新发展方向很快变明朗了。同年5月8日，戈尔丁宣布了一系列新的行星探测计划，每个计划的研发时间少于3年且经费预算控制在一亿五千万美元以内。这是自阿波罗号登月计划后，美国国家航空航天局提出的和先前耗时长、斥资大的巨型项目大相径庭的计划。

新的"发现"任务系列采用竞争选定机制，这和过去的计划决定大大不同。过去，都是在烟雾缭绕的会议室里做出计划决定。此外，新发现任务系列将由科学家主导（由一位主要研究者带头），并由美国国家航空航天局下属的研究机构和业界一家制造伙伴提供协助。

以前，所有的航天项目都要去讨好多个科学团体。一个普通的行星探测项目得设法携带各种各样的仪器来研究磁场、磁层电子和离子、无线电波、大气动力学、大气成分以及行星表面特征的其他方面。简言之，之前所有的项目每事浅尝辄止，事事都告无成。这种做法在政治上带来的好处很明显，因为当一个项目的开支不可避免地上升时，所有相关联的团体会为提高预算给予支持。在这一老套路中，凡是没把不同团体纳入考虑的项目很容易被取消。

然而，这一老套路的实际成效只是一个个庞大且超支的航天项目。有人曾讽刺道，各主体部位装载着各种仪器的大型宇宙探测器状如一颗大圣诞树，上面的各式科学仪器就像是圣诞树挂饰。随后，"圣诞树"一词也被用于调侃那些携带过多仪器的大型航天器。但新任局长戈尔丁则要求，每一艘太空航天器只能装载三件左右的科学仪器，所有仪器必须专门用于探测星球或研究对象的一般特性。那些致力于探索当前最紧迫的科学问题且统筹得当的项目最有可能入选。

另外，领导方式也有了大变动，变成了单一科学家领导。而在过去，所有的深入太空任务都由喷气推进实验室的科学委员会和管理处负责统筹，喷气推进实验室是美国国家航空航天局的一个下属机构。在旧管理套路中，美国国家航空航天局除了面临取悦各种利益团体的政治和科学压力，还被鼓吹让每个项目尽可能庞大，从而为美国国家航空航天局创造更多就业岗位、为组织赚更多钱、为经营管理提供更大的权力基础。戈尔丁提议由科学家领导太空任务，让科学家以美国国家航空航天局研究机构为合作伙伴，从而从喷气推进实验室夺回了掌控权。各研究中心和行业伙伴都需经过竞争才有权参与太空探索项目。当时的想法是：竞争会压低项目成本。

同样重要的是，戈尔丁的提议还规定了"胜者全拿"和成本限制原则。任何想领导太空探索任务的人都必须组建一支科学、技术和管理一体的团队，同时要有美国国家航空航天局研究机构和一个行业合作者，还要提交申请。独立审核小组会选出"每美元科学回报"最高的项目，"每美元科学回报"是戈尔丁独创的新表达。在筛选提案之前，每个任务已有完整说明，而且成本是固定的，仪器设备和团队合作伙伴也不得增加。项目开支增加百分之二十会自动导致项目取消审核。

为了给发现任务系列提供新点子，美国国家航空航天局宣布将在年末举办一场新设想大赛。根据简短提案和现场展示，美国国家航空航天局将评选出 10 个最佳设想以供日后发展。每个最佳设想的提出者将获得 10 万美元和"未来航天项目"独家俱乐部的准入权，这对下一年——1994 年即将到来的项目竞标具有重大意义。

美国国家航空航天局的这一大变动给被我视为死胡同的工作带来了希望。两年来，我的工作都非常清闲，主要是确定实验的可行性、打电话以及就一些科学问题写几篇论文。唐·伯内特教授在做别的事情，他带了几个学生和博士后研究人员，他们主要研究行星形成时的复杂细节。美国国家航空航天局的新前景吸引了我们的注意力。

我们的构想并不新颖，我们想把太阳风样本带回地球，以分析太阳的成分。

20世纪60年代，在太阳粒子被发现不久之后，就有人提出了这一设想。太阳风由很多粒子组成，太阳的磁场为太阳风的粒子提供了加速度。这些粒子经过地球时每小时可达一百万英里，如此快的速度足以让它们嵌入宇宙中任何物体的表面。

阿波罗探月计划曾采集了一些太阳风样本。宇航员带回的月球土壤样本由于亿万年来都暴露在太阳下，所以含有太阳风。但是月球土壤并不是完美的太阳风收集器。因为太阳辐射出的氢太过丰富，以致月球土壤无法储存它，几乎所有的氢都流失了。更复杂的是，如果分析其他元素，那么很难分辨出它们当中哪些来自太阳，哪些来自月球。因此一个人造的、无杂质的收集器能更好地研究太阳风。

在人类登月前，瑞士科学家最先提出太阳风收集器。他们已经证实了使用金属箔收集和分析太阳风的可行性，他们还为阿波罗登月计划设计了一个极其简易的收集器原型。该原型包括一卷铝箔和一根旗杆，把类似遮光帘的铝箔悬挂在插进月球土壤的旗杆上。铝箔完全暴露在太阳下时会卷起来，随后将卷起的铝箔送回地球即可。在阿波罗计划中只有一次登月没有安装太阳风实验装置。太阳风实验是每对宇航员在月球着陆后最先部署的实验之一，移除铝箔杆则是他们离开月球时最后做的事情之一。阿波罗11号执行任务时，铝箔仅在月球上暴露了约2个小时，到了阿波罗16号执行任务时，宇航员在月球上停留的时间够长，铝箔暴露时间达44小时。

由于太阳风的密度非常稀薄，所以阿波罗计划中每平方英寸（1平方英寸约6.45厘米，后同）铝箔吸收的太阳风质量不到十亿分之一克。因此即使是专用收集器，也只能分析数量最多的元素。另外，宇航员走动时踢起的月球灰尘会污染铝箔，这也妨碍了科学家探测太阳风里数量最多的元素。通过研究太阳风进一步了解太阳成分必须等待太空中长时间的样本收集。

唐·伯内特热衷于收集更多更纯净的太阳风样本。然而，在20世纪70年代中期，他的同事玛西娅·纽格伯尔，喷气推进实验室的第一位女科学家，认为太空仪器能够解密太阳成分，无须将样本带回地球。最后，她转而接受了唐的观点，在 20 世纪 80 年代，玛西娅参与了新的太阳风样本携回任务。唐和玛西娅一起获得了一些经费，这使他们能够提交完整的研究计划给美国国家航空航天局。后来，他们的项目再次获得了经费支持，这也让我得以来到加州理工学院工作。

1992 年，随着美国国家航空航天局的巨大变化，喷气推进实验室开始招募有远见的可能成为发现任务系列领导者的科学家。由于唐和我已经得到了美国国家航空航天局用于仪器研发的经费支持，所以，我们成了有吸引力的候选人。然而，他们在听说了我们提议的是样本携回计划之后就对我俩失去了兴趣。因为此前唯一的样本是阿波罗载人登月工程携回的，那斥资了数十亿美元，与规模小、经费少的项目背道而驰！如何让样本携回任务符合发现计划的要求呢？我们自己也毫无头绪。

在美国国家航空航天局的重心转变之前，我们一直在考虑把样本携回任务附着到其他任务上，然而，这会违反美国国家航空航天局新规范的成果，这种想法肯定会催生另一艘"圣诞树"航天器。为了符合发现计划的要求，我们推翻了我们的计划，一切从头开始。

首先，在发现计划的预算内，无人飞行器重返地球可行吗？我们打了数通电话咨询一个专门研究返回舱的军事科研所，了解返回舱航天器在太空飞行中返回地球的信息。虽然在阿波罗计划后，返回舱从未被用于太空民用计划中，但返回舱技术仍在被使用且在军事领域得到很好的应用。这样，我们确信把样本携回地球作为一个独立的小型任务不会太难。

解决了这些问题之后，我们开始把这个项目定义为一个单独的个体。尽管在实际操作中多出了一些问题，但我们已经能够随心决定收集器的作业地点。

那么，哪里既能收集到最多的太阳风，又能以最简单的轨道线路返回地球呢？肯定不能仅仅绕地球运行，因为地球磁场的作用会使太阳风粒子的方向发生偏离。这种"磁层"越过最高的卫星延伸得很远，形成一条长长的尾巴，称为磁尾。磁尾背着地球经过月球。放在地球轨道上的收集器，即使高到足以处于太阳风之中，但每次进入地球磁尾时都会受到地球粒子的污染。这就排除了将收集器送入绕地轨道和绕月轨道。我们可以把航天器送入日心轨道，让其一年内与地球会合。但是，我们需要收集一年以上太阳风的量。如果将时间延长至两年，难度会增大，但还可以操作。但是就返回舱何时何地能返回地球这个问题，这些轨道限制了我们的选择，加之收集器距离地球非常远，所以任何通信方式都需要大量的资源。

不过，还可以选择另一条轨道。美国国家航空航天局物理学部和天体物理学部的几艘无人航天器已经固定在距离地球一百万英里的第一拉格朗日点（Lagrangian，简称L1）。在第一拉格朗日点上，太阳引力、地球引力和太阳离心力达到相互平衡。第一拉格朗日点是理想的太阳风收集点：因为离地球近，且始终处于"上风"处，可以免受地球粒子的污染。收集器的返回也很简单：只需将航天器轻推向地球，随后地球引力将接手返回过程，使航天器加速返回地面。事实上，一艘处在第一拉格朗日点上的航天器曾因地球引力来回摇摆，之后弹出去和一颗彗星会合。介于这条轨道有很多明显的优势，所以它成了我们的预设轨道。

如果我们的任务仅致力于收集太阳粒子，那么我们还需决定这项任务需携带的仪器。除了高纯度的太阳风收集器，唐还想制造一个能够浓缩太阳粒子的仪器。因为太阳风非常稀薄，所以即使经过2年的被动收集，有研究价值的原子也只能占到收集器外表面的百万分之几。

有了如何实现这一独立任务的一些设想后，我们返回去请教喷气推进实验室。喷气推进实验室的成员是星际航天器航行专家，他们拥有最专业的美国国家航空航天局项目管理知识，虽然他们的经验主要来自装载过多仪器的大型航天器。喷气推进实验室愿意为我们的飞行提供帮助，而他们的参与也会使我们的成本估算更有说服力。

首先要算清飞行器的花费。喷气推进实验室的管理人员有一个虚拟的成本估算机，输入了所有参数后，估算机会给出任务的成本估值。我们输入了仪器的大小、目的星球和任务执行时长，然后等待估算值。结果是1.9亿美元，这也太多了吧！而发现计划规定成本不得高于1.5亿美元。我们的预算难以再降，因为我们构想的可不是"圣诞树"式航天器，没有可拿下的各种仪器。

是什么导致了高成本？我们怀疑是因为返程的花费太大，为了找到答案，我们进行了一个小实验。我们输入了相同的项目参数，但不包括样本携回部分。果然，估值变成了1亿美元。估算机告诉我们，样本携回要花费9000万美元，真是个荒谬的数额。毕竟，至今为止唯一的样本是阿波罗登月计划携回的，而这些任务的成本都是数十亿美元。但是，和喷气推进实验室的同事讨论后，并向他们确保返回舱技术仍在被使用且在军事领域得到很好的应用，我们得到了较低的成本估算。最终我们几个人达成共识，把成本数额控制在1.4亿美元以下。现在，我们符合了发现计划的要求。

美国国家航空航天局决定开始新计划，他们举办一次会议让大家展示自己的设想。这是一场类似于选美比赛的小型项目设想大会，将于1992年11月中旬在洛杉矶南部的圣胡安·皮斯特拉诺的一个研究所举行，举办时间恰好在戈登上任半年后。美国国家航空航天局没料想到的是，很多默默无闻的民间高手提出了大量的新设想。总计有79个设想，涉及月球、火星、金星、小行星、彗星、水星和木星的探索设想。来自全国各地的科学家、工程师和空间探索爱好者挤满了研究所。但是，这些设想几乎没有一个是关于样本携回的，我们是唯一提出太阳风收集的团队。

很多任务设想在航天器设计、时间表以及仪器的细节方面都做得比较好。尽管困难很多，但我们已经尽力，只能焦急地等待着结果。

那年12月的一个雨天，走进唐的办公室，我注意到了他的表情……我们没进入前十。读了美国国家航空航天局总部的通知信，我们震惊地得知审查小组认为我们的项目可行性很高，包括采样携回，但我们在项目科学价值这一项上得了低分。他们认为，目前已准备好发射的几个探测器将可以完成我们的太阳科研目标，而且不需要携样本回地球。

审查小组的想法完全不对，尽管唐已有多年经验，他知道这一计划很可能被拒绝，而且他也习惯了对这样的结果感到失望，但这一次，唐觉得他应该要采取行动。他给审查小组领导写了封信，仔细指出了错误。尽管希望不大，但我们仍在等对方的回复。

同时我们遭到了另一个打击。美国国家航空航天局负责仪器制造项目的办公室决定根据"设想选美比赛"的结果决定要资助哪个仪器项目，这是个独立办公室，也就是之前两年一直支持我的机构。虽然我们项目的独立审查得到了肯定，但是办公室审查小组只看比赛结果，所以我们的提议被拒绝了。圣诞节刚过，我们就收到了拒绝信。仪器项目资助的取消意味着我的研究经费将在一两个月内耗尽。这是三年内我第二次觉得自己可能要失业流落街头了。

在收到仪器制造项目办公室的拒绝信后约一周，我们收到了一封设想比赛审查组领导的来信。令人惊讶的是，审查小组认真看了唐的去信，并同意了唐的说法，一下子把分数提上去了。我们回到了比赛中！一周后，美国国家航空航天局正式公布了新的小型探索任务获奖项目，不是10个，而是11个，我们组硬挤进去了。

再也不会有那么糟糕的情况了。次年，我们重新提交给美国国家航空航天局关于仪器制造的提议，提议内容没什么变动，这次我们的提议得到最高的评价，因为我们是发现任务系列设想比赛的获奖者。

1993 年 8 月，火星观察者号航天器和地球失去了联系，这加快了太空探索项目小型化的步伐。美国国家航空航天局继续完善发现任务系列的小型星球探索项目。每隔一年他们会支持新的飞行器，将于 1994 年秋季资助完第一轮的所有提议。

我们继续专注这个项目，为发现任务系列的第一次任务竞选做准备。

我们肩负独一无二的使命：没人志在获得太阳风样本。我们的目的不仅在于了解太阳的组成成分。我们知道每个星球都是由太空里的大团气体和尘粒以太阳为中心聚拢形成的。每个星球都有独特的组成部分，也就是其自身的化学特征。但是我们可以进一步了解星球的形成过程，我们可以解读这些化学特征，前提是我们知道形成星球的原始物质是什么。含太阳系中99%以上物质的太阳肯定有原始星云的代表性样本。太阳的外层没有因其内部的高温核聚变而改变。因此，我们可以这么推断，如果能以太阳风的形式获得太阳外层的样本，那么实际上我们就获得了星云的样本——我们所寻找的原始物质。所以这项任务的命名颇具原始生命意味，它的名称是：起源号。

第三章

任务筛选

1994年夏，我们正在为起源号全力以赴。这是发现任务系列完整项目的第一次竞争。之前，我们历经曲折才取得了这个项目的成功。作为"设想选美比赛"获奖者之一，我们得到了喷气推进实验室的青睐，他们为我们提供了5万美元的支持，这样一来他们可以更深入地参与我们的项目。由于我们尚未计划好如何部署或装载太阳风收集器，我们甚至还没设计好收集器的外观，因此我们决定接受喷气推进实验室的支持并前往他们的机械装置部门。

某日近傍晚时，在加州理工学院一间空教室里，我们同喷气推进实验室的机械工程师进行了第一次会议。我们将制造的收集器不是一部相机、不是花哨的等离子或伽马射线检测器，我们想要的是一个由高纯度材料制成、能在太阳下长期暴晒且能撤回返回舱携样本回地球的仪器。工程师首先考虑的是这个设备怎样才能经受得住发射时的震动、返程的艰难以及降落伞着地时的轻微震动。

收集器的制作材料方面，我们考虑的是硅片，即计算机芯片的制造材料。硅片是地球上最纯净的物质之一且容易获得，但工程师不喜欢硅片的易脆特性。

经过长时间的讨论，我们最终确定了一个收集器设计方案。这些收集器的直径接近3英尺，装载在5英尺宽的返回舱里。该方案包括了首尾相连的几列硅片——每列有80个直径为4英寸的硅片，这些硅片都被放在一个科学罐里。这个科学罐可以像蛤壳一样打开，让硅片从一端的立轴旋转出来，以便大面积暴露。其中三个硅片板有专门的太阳风类型收集任务，只有在必要的时候才会暴露在阳光下＊，其他时间都被上层硅片板遮住。上层硅片板会一直收集太阳风。

在和喷气推进实验室就初级收集器进行合作的同时，我们也和位于丹佛的洛克希德·马丁宇航公司建立了合作关系。洛克希德·马丁宇航公司刚收购了一间制作军用返回舱的公司，他们很想参与美国国家航空航天局的项目竞争。因此，该项目的责任分工如下：喷气推进实验室在唐的领导下负责管理该项目、负责航天器的飞行并制造科学罐用于装载和部署太阳风收集器；洛克希德·马丁宇航公司负责设计航天器，包括推进系统、导航设备、通信和航天器上的电脑，当然，还包括太空舱和返回舱。发射航天器的火箭将由波音公司负责，但那时无人火箭已是流水作业产品，所以这点无需过多讨论。

另外，还有一个重要的问题：该实验项目需要数个监视器，用于记录太阳风在收集器飞行时的状态。在玛西娅的建议下，我们决定与洛斯阿拉莫斯国家实验室合作，该实验室曾制造过类似的仪器。洛斯阿拉莫斯国家实验室还将帮忙制造第三样仪器，即我当时正在研制的太阳风集中器。

在项目设想阶段，喷气推进实验室和洛克希德·马丁宇航公司给我们提供的人员支持很少，基本上只提供他们的项目高手，这些人能够从推进、导热、导航等各类专家那里提取最关键的信息，再把信息发送给我们。而唐和我主要负责整合这些信息，并做出一个完整的项目计划。

彼时，文字处理时代甫成熟。由于我的年龄比唐小，对电脑更熟悉，所以由我负责项目报告的撰写，而唐负责审查和协调输入。我们不再使用 TRS－80，我们用的是一台连接了打印机的"386"。那时网络的最新进展是电子邮件，当时电子邮件只能发送简单的信息，还没有添加附件的功能。因此除了文本，所有的资料都要通过硬盘拷来拷去。我们的提议计划有数百张图、表和总结框。文字处理软件的使用相当磨人，就当我以为一切都搞定了，一个文本框自动跳到下一页面，上一页的三分之一成了空白，导致我们多出了一页。

＊ 太阳风有三种类型：一种是"慢太阳风"（"slow" wind），其风速约每小时一百万英里，主要活动于黄道，即地球绕太阳公转的轨道平面与天球相交的大圆；另一种是"快"太阳风（"fast" wind），其风速约每小时二百万英里，主要活动于太阳极区，偶尔会延伸到黄道；还有一种是称为日冕物质抛射（coronal mass ejection）的暂时性太阳风，它有时会干扰其他两种太阳风。我们认为这三种太阳风的成分不同，快太阳风的成分也许最能代表太阳的成分，但是我们希望起源号能够弄清楚它们之间的不同之处。

在截止日期前一天的上午 11 点，经过多天的修改、剪切、粘贴、调整和再调整，我们终于可以打印项目计划了。我期待着可以早点回家，先前我们大约凌晨 2 点才下班，但很自然地，打印机出现了直线不能对齐、卡纸和只打印后半页内容的问题。我们多次固定进纸盒试图解决问题，但最后我们放弃了，只能打印一张然后再往笨重的打印机里放进去一张纸。终于，最后一页打印好了，我们可以回家了。我们驱车穿过安静的街区，凉爽湿润的海风深入内陆拂过我们的脸颊，让我们保持大脑清醒。彼时已是凌晨 4 点，但提议计划完成了。

次日，我们往总部位于华盛顿的美国国家航空航天局寄了 25 份计划书。大概要 6 个月结果才会出来。美国国家航空航天局共收到了 28 份项目计划书，包括 11 份圣胡安·皮斯特拉诺"设想选美比赛"获奖者的计划书——换句话说，我们面临着一场异常激烈的竞争。生活依然继续，项目筛选将继续以蜗牛的速度缓慢前进，而我们也不确定起源号项目会实现，还是会被扔进满是被拒设想的垃圾堆。

*

加州理工学院的地质学与行星科学系在行星科学任务领域享有极高声誉。该学院历来都有教师参与美国国家航空航天局项目，至少有一名教授曾任喷气推进实验室管理人。果不其然，相当多的教授都参与了首个发现任务系列项目竞争，当然，每个竞争者都希望得到最好的结果。

在那个院系看来，唐和我有一大不利因素，那就是我们不属于行星科学系。我们属于地球化学系，我们的办公室和那些"种子选手"们之间只隔了一栋建筑。行星科学系的教授们对我们参与项目竞争的行为嗤之以鼻。毕竟采集太阳风样本算不上是真正的"行星"科学。他们肯定认为去年美国国家航空航天局把我们的项目评为第十一个获奖项目是因为好运气。因此，他们理所当然地认为他们当中的某个项目肯定会轻而易举地赢过我们的拙劣构想。虽然没有明说，但是平常在大厅擦身而过时他们对我们的睥睨说明了一切。

项目计划书提交过后，行星科学系宣布加州理工的所有项目设想都将在一周一次的行星科学讨论会上展示。我发现起源号的展示被排到了最后，远在美国国家航空航天局宣布的入围项目名单之后。我想，按照学院的安排，名单公布后，起源号的展示很容易会被撤掉，换上其他更具"行星性质"的项目。

1995 年 2 月底，我拜访了芝加哥附近的阿贡国家实验室，尝试一项我们想应用于起源号太阳风样本收集的新实验技术——共振离子化质谱法，那时我接到了唐的电话。唐激动不已，我从没听过他那么快的语速："我们进入下一轮啦！虽然不应该现在告诉你，但是我正在前往华盛顿的路上，去参加新闻发布会！"我欣喜若狂。我俩一路跌跌撞撞地走来，两年前我一度认为这个项目没有前景，感觉快失业了。那一天，结束通话后，做实验时我脑袋想的一直是这个喜讯，无暇顾及其他。

本着发展小型探索任务的精神，美国国家航空航天局果断选择了一个绕月轨道飞行器计划"月球勘探者号"，该计划的成本远远不足 1 亿美元，不到成本上限的一半。美国国家航空航天局还选择了另外三个进入决赛的计划：起源号、一个金星轨道飞行器和"星尘号"，星尘号的主要目的是收集彗星尾部的尘埃样本。这四个进入决赛的计划将经历为期 6 个月的 A 阶段高可行性研究，然后继续竞争。

隔天，在前往新闻发布会路上的唐在芝加哥逗留，以便和我讨论应赛战略。那天，天很冷，风很大，雪飘飘，当我到他下榻的宾馆找他时，他竟然穿着短袖就跑出来了！原来他在兴奋之余忘了把外衣塞进行李箱。

回到加州理工学院后，行星科学系和我们地球化学家之间的不平等似乎消失了。起源号是加州理工唯一一个进入决赛的项目。那天，当唐的展示会最终到来时，演讲厅变成了站立厅，因为大批观众和记者喧嚷着要进来听起源号项目的报告。行星科学系这回丢脸丢大了。

但是，随之而来的巨大工作量很快就冲淡了入选的兴奋感。我们的项目设想仍不成熟。用于把离子集中到一个点上的太阳风集中器的设想很糟，因此我们清楚项目计划中描述的仪器设计根本行不通。离子光学太简单了。现在我们必须同时做两件事。我们已经做好了一个原型用于检测简易版的集中器，同时，我们必须设计一个更好的集中器以便起源号任务获批后可立即投入使用。

最后我只好把一名学生留在加州理工学院，让他负责解决改进问题，而我负责测试原型仪器。为了进行测试，我必须前往瑞士，因为瑞士是离美国最近的拥有此类仪器测试设备的国家。

此时，项目以疯狂的节奏在进展，作为负责人，我很难抽出身来前往国外。幸好，电子邮件的应用很普遍了，我通过这种方式和项目中的其他人保持联系。常规工作时间内，我在太阳风测试实验室工作，实验室里有个卡车大小的真空室，这个真空室可以使离子加速飞向原型集中器。接着，来自美国各地的邮件涌进我的电子邮箱，这些都是和起源号细节相关的电邮，我整个晚上都在处理这些邮件。直到深夜，我才沿着空无一人的鹅卵石路回到下榻的宾馆。

决赛要求提交一份数百页的项目可行性研究结果，且每支参赛队伍都要做一整天的项目展示。数天后，每支队伍将为各自的项目做最后冲刺。进入决赛的项目名单公布后，大批工程师都跳到喷气推进实验室和洛克希德·马丁宇航公司参与该项目，他们将为项目提供许多高质量的细节技术支持。但是，做一整天的项目展示并把项目描述得激动人心并不是他们的长项。所以，我们的团队计划在9月末模拟项目展示。

我们飞到丹佛，前往南部郊区外的洛克希德·马丁宇航公司工厂，工厂隐藏在落基山脉的猪背岭后。该工厂曾属于冷战时期军事产业复合体，建于20世纪50年代，离城区很远，这样一来即使被洲际弹道导弹击中，丹佛市也可以免受摧毁。

模拟情况很糟糕。我们事先已给洛克希德·马丁宇航公司很多时间，让他们的工程师做准备仔细描述航天器系统，同样，就喷气推进实验室参与的项目部分，我们也给了很多时间。我们最初是想通过众多来自相关专业的优秀工程师震撼现场观众，这些工程师分别熟谙推进器、太阳能电池板、蓄电池、再入飞行器系统、热控制等方面。天色渐渐暗了下来，一个个工程师上台展示自己的专长，

这些工程师展示时或喃喃自语，或口吃，或口音浓重，或者直愣愣地盯着地板。幻灯片展示部分有大量难以理解的行话和未做标记的图表，有些工程师的设计甚至互相矛盾。通过模拟，我们一眼看出展示存在两个严重的问题：让工程师上场展示是一个错误；我们急需另一场模拟。

第二次模拟和第一次大有不同。这一次，没有冗长的演示者名单，只安排了一个有魅力的演示者，即一个能向观众全面展示洛克希德·马丁宇航公司航天器子系统的领导。喷气推进实验室那边也只安排几名展示者，其中只有两位的展示不出彩，幸好他俩的展示时间相对较短。洛克希德·马丁宇航公司还让一名年轻女子专挑展示者的毛病，她快、准、狠地抨击每个人的

不足之处。

展示日终于到了。我们穿上最显科学气质的衣服，前往洛克希德·马丁宇航公司空间科学大厦六楼的展示厅。展示厅外是各种航天硬件设备的模型和（供试验用的）实体模型，我在瑞士测试的太阳风集中器也在展览中。展示厅座无虚席，评审团席坐在前排，桌子横跨整个展示厅。

我们事先搜集了评审团成员的背景、个人特长等资料，了解他们的兴趣和性情。评审团中有几个人来自美国国家航空航天局总部，但他们大都是胡须半白的退休专家，还有一些专家来自美国国家航空航天局的各个研究机构。评审团组长是气势非凡的小詹姆斯·S.马丁，他曾领导多个航天项目，包括20世纪70年代的双胞胎海盗号火星着陆器项目，它被普遍认为是史上最成功的无人空间探测项目。据说，詹姆斯有强烈的个人观点且不轻易改变主意。在第一艘海盗号探测器登陆后，他甚至拒接总统的来电，说自己正在忙，等一会儿才有时间。由此可见，詹姆斯把工作放首位。

起源号评审起步很顺利。评审团似乎对起源号通过收集太阳风来研究太阳系形成的设想感到很兴奋。项目展示进行到中午时，我们紧张的心情有所舒缓。但是，最困难的时刻还在后头。

下午，我们陈述了起源号计划轨道的细节，包括引人瞩目的返回舱顺序。这将是美国国家航空航天局自阿波罗计划之后首个返回地球的太空返回舱任务，在这期间，美国国家航空航天局曾在火星上完成了返回舱任务——那是詹姆斯·马丁的项目。我们的团队展示了位于犹他州盐碱滩的着陆点。军方曾用这块盐碱地的部分地区作为拦截来袭导弹的训练场，拥有约50个高科技跟踪站，用于跟踪训练测试中的飞行物体。该盐碱滩是起源号返回舱的最佳着陆点，我们正致力于和军方签署协议以获得场地使用权。但是，这里还有另一个细节问题。

因为返回舱内的材料非常脆弱，所以，在返回舱着陆前，我们需要用某种方式"接收"它，这样当降落伞着地时返回舱才不会撞到岩石。我们决定在空中"接收"返回舱，这个想法乍听之际很吓人——在空中成功"接收"返回舱概率能有多大？但返回舱工作团队向我们保证，这一任务不仅容易操作，而且军方已有数百次成功的经验。冷战期间，首个间谍卫星"科罗娜"计划中的胶卷筒曾从飞行轨道脱离，为了不让胶卷筒落入怀歹意者之手，军方使用飞行器在空中成功接收了胶卷筒。洛克希德·马丁宇航公司最近也在做空中接物的试验，在试验中，毫无空中接物经验的飞行员屡接屡成功。这听起来正是我们所需要的！

显然评审团对我们为保证此举成功而做的努力非常满意，他们对我们的项目越来越有信心。正如我们所期盼的那样，他们觉得计划听起来很"顺耳"，但就在这时，我们遇到了一个意想不到的困难。

詹姆斯问："重返阶段……风干扰呢？"返回舱团队曾就风干扰问题做了初步的调查研究，研究结论是，早晨的盐碱地几乎都平静无风。由于是从太空返回，所以返回舱必须在早晨着陆。我们如是回答了詹姆斯的问题：一年中，盐碱地只有几天会出现影响直升机起飞和降落的大风天气。但詹姆斯对这一回答并不满意，继续问："如果你们运气背，返回舱着陆日碰上大风呢？难不成你们能推迟返回舱的着陆时间？""我们可以让航天器转向，这样返回舱大约三十天内可以着陆。"但詹姆斯变尖锐了："如果那天不幸又有大风呢？"我们回答，连续两次着陆都碰到大风天气几乎是不可能事件。

詹姆斯并不满意我们的答案，他一直揪着风干扰问题不放。这让我们所有人都焦虑不安。詹姆斯手握成拳头，狠狠地砸在桌子上面，大声道："告诉我，即使发生风干扰的概率只有百分之二，你们会怎么做！"展示者和项目负责人点头示意他们能解决这一问题。我们摇头，对此表示怀疑。这位德高望重者把问题夸张化了。

余下的评审环节很没劲。项目管理者起身介绍了飞行器的成本计划和时间表，最后，我们以公共关系和教育计划结束了展示。评审委员们预祝我们的项目取得好成绩，随后关门进行封闭会议。

走出展示厅后，所有人都松了一口气。过去几个月，我们一心一意地准备这次项目展示。现在，展示终于结束了。其实，真正关注的只有一个问题——风干扰，风不该是个大问题。还是，风真的是个大问题？

走出大楼，一阵大风沙打在了我脸上，我闭上双眼。灰尘和残渣在马路上滚滚飞扬。丹佛很少有这样的大风天。这是不是在暗示什么？

烈风刮了整整一晚。吃过晚饭，回到汽车旅馆，推开门，更多的尘土打在我们脸上。咆哮的风声吹乱了我们的心，这让我们想起詹姆斯用拳头重重地捶桌子的画面。门外，不祥之风吹啊吹。

三个星期后，我们接到了电话。起源号没有入选。美国国家航空航天局选了星尘号，有趣的是，这也是一个取样返回任务，旨在携彗星尾巴的粒子样本回地球。我们很伤心，毕竟我们克服了那么多困难。

三周后，喷气推进实验室召开了简报会。起源号在下次发现任务系列筛选中可能还有被选中的机会，所以我们想知道哪些方面出了问题。让我们意外的是，除了公共关系，起源号的各项得分都不低于星尘号，而公共关系在整个任务筛选中并没那么重要。我们不知道究竟发生了什么事，但我们不禁认为詹姆斯为了着陆地点风干扰而发怒可能影响了筛选结果。

_____ 第四章

制造起源号

次年，起源号工程团队渐渐解散，因为忙碌的全职工作让他们分身无术。工作让他们无暇顾及起源号。为了下次任务筛选我们的项目有更佳的技术，唐和我尽所能地将项目设想做到最好。与此同时，就业市场终于有了缺口，所以我去应聘了几个岗位。在起源号项目竞选过程中，我认识了新墨西哥州洛斯阿拉莫斯国家实验室里建造飞行器的雇员，他们告诉我有位同事离职去当了宇航员，实验室需要人填补这一职位空缺。我在起源号项目评审中的出色表现给洛斯阿拉莫斯国家实验室留下了深刻印象，因此，1996 年底，我接受了他们的工作邀请函。

1943 年成立的洛斯阿拉莫斯国家实验室以制造出世界上第一颗原子弹而闻名于世。罗伯特·奥本海默是实验室的第一任主任。实验室离南加州市内的实验室很远，看起来更像是北美洲最偏远的实验室。该实验室自一开始就对外公布非保密领域的信息，这和大学校园很像。分享信息的理念延续了近 60 年。因此，和那些处处受限的机密领域工作者相比，洛斯阿拉莫斯国家实验室的雇员有很大的自主性。

到洛斯阿拉莫斯时，我几乎感受不到官僚主义的气息，这说明该实验室的确远离了大城市和政治中心。也因为如此，在洛斯阿拉莫斯建造飞行器的成本比其他许多地方低很多。

洛斯阿拉莫斯航天科学家团队的工作地点是几间双层的拖车式活动工作室，就在主实验区后的山谷旁。实际上，坐落于实验大楼偏远的角落也反映了一个较大的问题：由于我们从事的是和实验室主要任务不太相关的非保密工作，所以得不到实验室管理会的重视。即使如此，在我加入这个团队之前，该团队已制造了约四百件飞上太空的仪器。

作为太空科学家，我们就像是小池塘里的大鱼，因为在洛斯阿拉莫斯国家实验室，只有少数人参与了美国国家航空航天局项目。洛斯阿拉莫斯国家实验室是"自由人"的天堂。在这里，科学家们不会被束缚在某一特定领域，比如太阳系的某个部分或某种仪器，我们可以尝试不同领域的工作。我喜欢这里的自由，这里的无限可能，感觉就像和这里的地貌一样开阔。

洛斯阿拉莫斯国家实验室周边的风景是我梦寐以求的画面。实验室坐落于海平面上方 1.5 英里处，就在一座巨大的死火山边上。火山口以东几英里处，有一片名为瓦勒斯·卡拉德尔的巨大碗状草甸，这里是牛和麋鹿的天堂。火山口边缘还有一个面朝北的滑雪坡，这一带有很多野生动物、森林和峡谷。此外，洛斯阿拉莫斯的小镇还是世界上博士最多的地方。在这里，我既摆脱了洛杉矶拥挤的人群，又能沉浸在如加州理工般浓厚的学术氛围中。

离开加州理工前我做了几件事，其中有一件事是重新提交起源号项目提案，以参与发现任务系列下一次的任务筛选。这一次，首轮竞争更注重科学性而非工程性。因为在上次申请中我们已完成大部分任务，所以重新上交的提案没有什么新任务，主要是完善我们的学术论述，并言简意赅地表述出来。

历经两个月的评审，美国国家航空航天局宣布了新发现任务系列为数不多的入围名单，起源号再次进入终审了！

所以，我们的工程队伍又聚在一起工作了。我们高效地完善已成熟的项目设想。我们重新设计了飞行器飞行轨道，建造航天器载荷模型并对其进行震动和降落试验，还制造了一个返回舱模型。我们还认真研究了着陆点的风干扰问题，这一问题曾让我们非常痛苦，但就此问题我们能做的不多，风干扰风险出现的概率极小。比起风干扰，项目其他方面出现问题的概率高多了。

我们进行了几次展示模拟，最终迎来了项目展示日，再次接受美国国家航空航天局评审团的审核，这次评审团里没有詹姆斯。一切进展得很顺利——没人捶桌子，没有大问题。展示结束后，我们互相祝贺，各自回家，静候结果。

大约一个月后，我接到了唐的来电："行动吧！下一次发现任务系列由我们负责！"

参与该项目的科学家在大厅里奔走相告宣布起源号入选的消息。如果早由我决定，那么我们早就以一腔热忱完成这个项目了。和我们共事的专家多数都很令人鼓舞，我们的团队以拥有实验室里最棒的项目为豪，不仅因为它被美国国家航空航天局选中了，也因为它是首个机器人样本携回任务。但是，这将是一场与时间的竞赛，毕竟，美国国家航空航天局"更快、更好、更便宜"的开拓空间理念确实要求我们"更快"，从设想阶段到制造出充分研制和测试的太空仪器我们只有 29 个月。

洛斯阿拉莫斯国家实验室的起源号仪器团队聚到了一起。一名更有经验的同事将和我一起研制太阳风集中器，并领导技术组的建造，这样的工作安排弥补了我在空间飞行方面的经验不足。另一名叫布鲁斯·巴勒克拉夫（Bruce Barraclough）的同事将负责设计太阳风温度、速度监测仪器和磁场参数监测仪器。虽然布鲁斯是长期制造太空仪器的老手，但在某些方面他看起来并不像仪器制造的领导。和我们大多数人一样，布鲁斯也是科学专业出身的，但他厌倦了。他一直在夏威夷大学学习，那里对他而言似乎是个理想的求学地点。但结识妻子莫琳后，两人似乎都得了海岛综合征，他们退学，搬到夏威夷一个偏远的地区，和岛民生活了数年。布鲁斯从没透露重返文明社会的缘由，但无论如何，他回到学校，然后在洛斯阿拉莫斯国家实验室负责航天仪器项目。布鲁斯的衣柜里满是各类夏威夷衬衫，而且他常年穿着"人字拖"。布鲁斯的人际关系很好，也很擅长组织新项目。几乎没有和他不合的人，在洛斯阿拉莫斯国家实验室工作了 20 年，他和每位同事都是朋友。尽管他比大多数项目负责人悠闲，但他总能把工作做好。

新团队首先要考虑的是如何设计太阳风集中器。先前有人制造过和太阳风集中器有点类似的设备，但那些设备的体积太小了。网栅是该设备的基本特征，类似于改进版的纱窗，遇高电压时可以像透镜那样把太阳风粒子集中到一个地方。制造我们要的太阳风集中器需要直径约 1.5 英尺的网栅。我们想让网栅的吞吐量达到最大，但吞吐量最大的网栅同时也是最脆弱的。传统上用于制造太阳风集中器的网栅是附着在模板上的单一金属片，就像是一个纱窗似的网状物上方有很多分离的金属线。最初，我们让一家公司生产一个单片网栅，我们以为它是最合适的。我们知道具有最大吞吐量的是六边形网栅孔，而不是四边形网栅孔。我们花高价制造了一个网栅原型，模拟太空环境时不时地对其进行加压和快速冷却测试。但没想到，网栅马上彻底开裂了，我们意识到眼下我们正面临着一个问题。

我们立即请教同事是否有更坚固的网栅。我们搜集资料上网查询，发现许多网栅，但它们大都由金属线编织而成。使用这样的网栅可行吗？航天器专家也无法给我们明确的答案。太空撞击是个大问题：万一微流星体撞击网栅把金属线弄断了会发生什么情况？网栅会散掉吗？金属线不能变松或突出，因为这肯定会导致电线短路。

调查太空撞击影响的传统方法是采用专门测试设备。我的博士学位论文有部分测试就是在约翰逊航天中心的撞击实验室完成的，这个实验室由德国人弗雷德·赫尔茨负责，他身材矮小但精力充沛。弗雷德的测试方法是把爆炸物装进小型火炮，随后将小型火炮射向长真空管道，让爆炸物进入靶室。这一方法的不足是需要耗费数周的准备时间且花费高。起源号任务急，经费少，所以我们没有时间也没有经费可以做这样的测试。

在没有其他选择的情况下，我们采取了更简易的方法。我们驱车把网栅载到当地的运动俱乐部，把它当作箭靶射击。和微流星体相比，子弹体积较大、速度较慢，但也只能这样了。我心血来潮打电话告诉实验室的摄影师我们要做什么，让他过来拍摄。他那天上午刚好不忙，所以我们三人约在射击场碰面：布鲁斯带了他的步枪、摄影师带了摄影器材、我带了网栅。我们把网栅作为靶子，向它射穿了几个弹孔。网栅没有解体，也没有出现异常，我们很高兴地发现制作了很实用的网栅孔。

我们还测试了网栅的耐热性和耐冷性——任何上太空的物体都必须要考虑这两点。有位顾问预测，这些比头发还细的金属线在冷测试时会变相并发生不可逆的收缩，这种收缩会破坏整个网栅的结构。因此，我们把网栅固定在一个框架内，再次喊上实验室摄影师，之后把网栅浸在装满 $-196℃$（ $-321℉$ ）液态氮的大盘里。实验前和实验后，我们都用电子显微镜观察了金属线，并未发现收缩。这些不锈钢细丝非常坚韧。

我们还必须做最后一个测试：网栅暴露在温暖太阳光下时的褶皱程度是多大？在室温下，我们有办法标示或检测网栅的褶皱度。另一位同事丹·利森菲尔德之前建造并试用该检测站扫描设备前方的激光来检测褶皱。我们有几间可以加热整个设备的温室，但检测温室加热后的设备和检测阳光下的设备不是一回事。喷气推进实验室和其他几个地方有太阳能照明室，但太阳能照明室非常贵，而且通常要在有整个飞行器的情况下提前数月预定。于是，我们又采取了简易的方法：有个同事找到了好莱坞一家生产聚光灯的公司，研究了该公司的产品之后，我们发现他们生产的聚光灯和太阳能照明试验室使用的聚光灯几乎一模一样。因此，我们花 4000 美元买了一盏，这比工程师专门制造的灯便宜了 20 倍，大约一个星期我们就收到货了。集中器网格测试的结果良好，这让我们对集中器的可用性有了信心。

这种低预算的自己动手精神代表了我们起源号经验，还代表了美国国家航空航天局小型机器人任务的特点。

当我专注于太阳风集中器时，布鲁斯负责的太阳风监测器却几乎没有进展。因为监测器看起来比较容易制造，而且和我们之前制造的其他仪器几乎一模一样，所以布鲁斯秉承着典型的夏威夷作风，一拖再拖。不像制造集中器那样，我们并没制造几代原型仪器和测试模型，而是直接制造飞行器仪器。所剩的时间不多了。这些仪器包括或弯曲或扁平且末端装有探测器的管道，太阳风离子或电子会贯穿飞过管道。电子电路则把单个离子或电子发出的微小信号转化为不同的能量值，把离子则转换成荷质比。我们通常将设计好的管道和电子器件委托专业的公司生产，最后拿监测器成品。时间紧迫，所以当务之急是立即订购探测器，但这是要花些时间的。首先，双方要就零件的规格和价钱达成一致，然后为了从海外订购零件，我们要做大量文案工作。之前我们曾和德国的霍斯特公司合作过，所以最终我们向它下了订单。我们加钱，让他们加快送货速度，但霍斯特公司只有两个人，而且他们之前已积压了多张待处理订单。

数周后，探测器终于送达了，但一经测试，它们根本不管用！我们为此大费脑筋好几天，最终决定致电告知生产商。负责人也没弄清楚原因，然后，他让我们重新订购，并承诺在寄出之前，他们将做更多测试确保设备的可用性。我们又下了订单，8 周后我们收到了货，但这些探测器仍不管用！

那时已经过了将仪器交付给航天器制造部门的日期，而且距离航天器发射的时间不到一年。没有探测器，太阳风集中器完全无法工作，我们甚至不清楚探测器的问题出在哪里。更糟的是，探测器控制着太阳风集中器的电压和不同太阳风类型收集器的运转。如果探测器和太阳风集中器的问题没得到解决，那么起源号将胎死腹中。

我们只好心急如焚地同我们的德国生产商进行更多次的电话联系。负责人说他们可以制造更多的探测器，但这会有点耗时，因为他们最近在忙着搬迁，而且夏天来了，按惯例，他们的技术员要休一个月的假。我们好说歹说，一再请求，承诺加价，但最快我们也只能在规定的交付日期后一至两周收到货。与此同时，我们也在寻找其他厂商，但这些厂商的探测器尺寸和输入特性都不符合我们的要求。换厂商就意味着要重新设计整个仪器。没人能在一年内从零开始，完成仪器的设计、制造、测试和飞行。最终，我们决定将希望寄于这家德国供应商，希望他们能空运来一批好产品。

新的探测器终于到货了。我当时深信我们快完蛋了，这批货能比前两批好吗？布鲁斯把探测器带到测试室并安装好。测试将在夜里进行，第二天早上，布鲁斯从实验室回来，满脸喜悦。新的探测器可用了，我们也没有多余的时间了！我们把探测器安装到太阳风集中器上，集中器也通过了测试。前两批探测器为何无法工作，这至今仍是个谜。

余下的工作相对比较顺利，我们制造并完成了监测器。三个仪器都通过了交付评审：两个监测器都被安装在航天器上适当的位置并通过了测试；太阳风集中器被送到约翰逊航天中心，在那里，它将和其他太阳风集中器一起被安装在执行样本携回任务的返回舱上。我们和这些仪器说了再见，等待发射日的到来。

第五章

飞越月球并返回地球

2001 年 6 月某日，卡纳维拉尔角的天还是黑的。这是起源号为期两周发射窗口的第一个早晨，在这期间天体力有利于发射成功，本案例中指的是地球的倾斜和月球位置。发射前一晚，当我到达卡纳维拉尔角时已经很晚了，所以还没机会看到光彩照人的 120 英尺高的起源号运载火箭。

我把租来的车停在安全闸门旁，此刻我就坐在车里等待发射。我本来应该在美国国家航空航天局电台直播中受访，但是安全警卫登不进电脑，无法识别我的身份，所以我被挡在了外面。起源号的多位关键人物都和全美的新闻台签了协议，同意发射日一整天都接受采访。我是上午第一个受采访的人，但，我却只能待在车里，望门生叹。遥远的地平线上，初生太阳的粉光划破了黎明的深灰。发射进入倒计时了。

有人把车停到了我旁边。原来是玛莎，喷气推进实验室年轻有活力的媒体关系职员。她和警卫简短说了几句话，明白了我的困境。

于是她前往媒体中心取消了最前面的几则采访。我向她保证会尽快赶到。终于，游客参观中心在 7:30 开放了，我手里拿着徽章，快步经过警卫室跑到媒体中心。媒体中心就在航天器发射台公众看台一侧下方的小拖车式工作室里。

当我走进门，玛莎和一名助理便示意我坐到摄像机前一把打着光的椅子上，我边走边想该说什么和怎么说。采访不到一分钟就要开始了。但，慢着。玛莎说了什么？今天发射不了？为什么？在不知道发生何事的情况下我要怎么接受采访？玛莎向我保证她会去进一步了解情况，但现在她只知道航天器有些部分需要加以测试，航天器至少要两天过后才能发射。采访不到几秒钟就要开始了，此时已经无暇顾及我的处境了。玛莎的助理一直在忙着把麦克风夹在我的衬衫上，忙着帮我戴耳麦。随后我听到远处电视台的技术人员确认他已经拍了照。随后他迅速试音并确认我名字的发音（发"韦恩斯"）、我在项目中的角色和我的家乡。我听到另一名技术人员说："倒计时五秒。"我对着摄像机厚厚的镜片微笑，尽量放松。

前奏音乐结束后，主持人出场了。"观众朋友们，早上好。今天早上本来是无载人太空探索任务发射的历史性时刻。此时此刻，我们在卡纳维拉尔角为您直播'起源号'的发射报道。'起源号'是史上第一艘飞越月球轨道且重返地球的空间探测器。现在，我们有幸邀请罗杰·韦恩斯博士到我们的直播间，罗杰博士是洛斯阿拉莫斯国家实验室的载荷专家，他将和我们分享'起源号'的相关信息。罗杰博士，您能否和我们分享一下'起源号'的任务以及'起源号'命名的由来呢？"

我简短地分享了我们如何希望通过搜集太阳风粒子并将它们携回地球进行分析，以解开太阳系起源的秘密。

主持人接着说道："现在我们刚听说'起源号'的发射会延迟几天。请问，问题严重吗？何时才能发射？"

我听到自己这样答道："美国国家航空航天局想要百分百确定航天器所有零件在发射时都处于最佳状态。我们收到了一些消息，所以想重新检查航天器的某个零件，但是我们坚信这不会是大问题。就此，发射时间已被延迟至周三，我们绝对有把握发射肯定会成功。"尽管我不知道具体发生了什么事，但是我的声音透露着一股自信。

回答完最后一个问题，当摄影机前面的红灯熄灭时，我笑了，因为红灯灭就意味着采访快到尾声了。玛莎和助理走到有灯光的区域，肯定了我刚才的表现。他们重新放置了我身后的航天器模型，为下一场采访做准备。接下来的一个小时，我接了从加利福尼亚州到东海岸众多广播和电视台的采访。采访整整持续了一天，受访者全是起源号团队的成员。

利用切换采访的间隙，玛莎了解到了更多关于延迟发射的原因。原来，在欧洲，有个电子零件已经接受了其他太空任务的辐射测试，但是欧洲检测辐射的程序和美国的程序有很大不同，而且这个电子零件没有通过测试。然而，事情就这么发生了，起源号的航天器内恰好有个一模一样的电子零件。我们数月前在美国为准备任务执行的测试现在要彻底重来，而且上头已决定我们需要再次进行为期约 3 天的零件测试。测试在发射前一天就开始了，所以火箭再过两天就可以重返发射台。

＊

在准备发射的那两年里，一切并非都一帆风顺。为了节省经费，在制造重要的航天导航系统星体跟踪器时，航天器制造者决定和加拿大一家刚起步的公司签订合同而不是和有丰富经验的生产商合作。星体跟踪器被用于精准确定航天器的航行方向，一旦星体跟踪器出错，航天器就和地球失联了。为了产品能达标，新的合作商做了一番努力。交付日期到了……交付日期过了……这家公司仍在努力。制造组负责人最担忧的是低价的小零件推迟整个项目进程会造成数千万美元的损失。如果是美国的公司，那么美国国家航空航天局和航空器制造小组还能派专家支援完成生产，但是帮外国公司生产航空航天硬件则是困难重重。所以起源号团队能做的就是要求更多的报告进展。延迟了一年多，零件终于到手了，且一旦上太空它们就能工作。

在此期间，美国国家航空航天局仍在为近两年内火星气候探测者号和火星极地着陆者号的失联而伤心。"更快、更好、更便宜"的航天器制造理念有其弊端。为了确保起源号不会步入其他火星探测失败的后尘，美国国家航空航天局于 1999 年执行了一系列"火星红队"评估。评估重点是飞行器的关键硬件，比如导航和返回舱。评估活动在多个城市展开，约有 100 位评估家，耗时数天。起源号的评估结果无大问题，但是随着离火箭预计发射的时间（2001 年 1 月）越来越近，美国国家航空航天局为了确保万无一失，便决定再进行一次评估并推迟发射时间。下一次最佳发射时间将是半年后的 7 月。

尽管我们很失望，但是我们还是做了一些亟须的休息。很快就要进行发射准备状态审查，即在火箭发射前一个月举办的一场航天器各相关小组必须参与的会议。这是我有生以来第一次在佛罗里达州参加该会议。到达奥兰多后，我沿着又长又直的海滨线高速公路驱车前往海边，游览可可海滩。我听了很多小镇里流传着的宇航员逸事。当地的很多餐馆和礼品店都展示了火箭发射和宇航员的照片，大部分的照片都有图中宇航员的签名；有些地方会对太空探索者和他们的习惯做简短介绍。宇航员纪念品、冲浪板和海滨服装组成了一幅有趣的海滨画面。我一边想着那些从卡纳维拉尔角发射上太空的航天员，一边想起我们的起源号也即将执行历史性的任务，它是第一艘飞越月球并返回地球的航天器。

第二天，我驱车前往召开评估会的大楼，我正在找离发射台非常远的行政大楼。但不幸的是，我转错弯了。卡纳维拉尔角非常大，当我边开车边数着远处隐约可见的几座发射台时，我便短暂性迷路了。转弯时我开始想自己身处何方，我看到了正前方巨大的发射台。航天飞机矗立在发射台上，它的外油箱和坚固推进器闪闪发亮。现在我知道自己开错路了！我在阒无一人的路上转了个弯，注意到正前方的检查站貌似停着一部军用车辆。最后，我终于赶上了评估会议，找了个靠后的位置坐下。平淡地度过了余下的旅程。

*

一个月后，在首次漫长的发射延迟期即将结束之际，一场热带风暴进逼墨西哥湾——我是在采访前才得知又要进行辐射测试。据气象台报道，风暴将在下一个发射日的傍晚袭击卡纳维拉尔角，且过厚的云层将不利于火箭发射。美国国家航空航天局决定为德尔塔－2运载火箭加满油，以期起源号能战胜风暴的袭击。我们没办法将发射时间提前，因为每天中午一分钟的间隔是地球方位处于最佳发射状态的唯一时刻。但是，我们希望云层在起源号发射后才变厚。

长时间的倒计时始于星期二深夜并持续了一整晚。倒计时的同时，工作人员也在加油和做其他发射准备。当天早晨，贵宾参观团（我的家人和我也在其中）乘坐巴士到离火箭2英里处的2号参观点。贵宾参观团包括起源号团队全体成员，从火箭工程师到驾驶员、负责人和其他载荷专家，这就像是一场盛大的聚会。就连提供太阳风集中器的硅片公司里的那位热情的联系人也来了。其他参观者在不远处的公路和公园站成了一排。参观团的激动情绪越来越高涨。透过佛罗里达州上方的烟雾，露天看台上的参观者可以远远地看到又长又大的火箭，烟雾其实是发动机液态氧排气孔喷出的白色蒸汽。一架直升机从头顶飞过。

倒计时进入最后一个小时。较厚的低云渐渐多过高云。倒计时45分钟……倒计时30分钟……空气越来越潮湿。贵宾参观席的广播宣布云层的确变厚了。倒计时又持续了10分钟，兴许云层会变薄，但后来火箭还是没发射上空。人群发出阵阵失望的叹息，我们不情愿地收拾好随身物品，慢慢走回巴士。

热带风暴的来袭导致随后几天都不适宜火箭的发射，就连最后一次努力也因为暴风雨后的狂风泡汤了。我们一家子利用在佛罗里达州的时间来了个迪士尼乐园雨天一日游，然后不情愿地回家了。

幸运的是，发射延期持续了近两周。暴风雨过后，起源号在一枚具有更高优先权的军用卫星发射后也获准发射。终于到了 8 月 8 号，那一天万里晴空，火箭再次做好了发射准备。这一次，我和小组其他成员一同在洛斯阿拉莫斯国家实验室透过电视监控器观看发射。倒计时很顺利，进入最后一分钟倒计时的时候，液态氧排气孔舷上的主阀合上，这加强了压力。这会儿，火箭减压安全阀每隔几秒钟就喷射出蒸汽，看起来就像一条准备腾飞的巨龙。倒计时结束了，发动机周围的固体火箭助推器发出火光，腾空而上，助推器和发射塔分离了。助推器分离后前十分钟一切都很顺利，当它从我们的视野中消失后，我们把监控画面切换到火箭。火箭一、二级分离，船箭分离后，火箭进入转移轨道，然后三级火箭发动机点火，建立轨道运行姿态，展开太阳能电池帆板并对太阳定向。最后，监控航天器的遥测技术装置重返地球，报告火箭发射完全成功！

起源号正在往返月球和地球的旅途中。

*

火箭发射过后一个月：

"任务负责人指示我们打开舱门。"

"载荷负责人也下了指示。"

"指令将发往航天器，倒计时三秒。3……2……1……启动！"我们全神贯注地停在话筒里喷气推进实验室和丹佛航天地面指示部门的对话，盯着同步的电脑屏幕确认打开舱门的最终指示，打开舱门标志着起源号任务进入了下一阶段。在满是数字和首字母缩略词的屏幕里，两个指示器突然变成红灯表明有变化。

"收到确认，舱门已打开。"所有人都欢呼着。我想象着航天器像芭蕾舞女演员那般从容地旋转，转呀转，转入太空——这是电影《2001：太空漫游》里的一幕。舱盖打开后，航天器的旋转速度会减慢，然后开始摇动。如果一切都按计划顺利进行的话，那么摇动在随后 24 小时会慢慢停止，航天器会再次从容地旋转。

要求打开蛤壳式舱盖的任务计划在火箭发射一个月后执行，此时航天器还在距太阳一百万英里远的地方寻找半稳定点。我们会继续等待，直到数月后最后一次航天器机动飞行指示结束才暴露太空舱内科学罐里的太阳风粒子采集板，这样才能杜绝样本被机油污染的一切可能性。

两天后，我接到了唐的来电，他的声音听起来很紧张："太空舱过热，情况可能很严重。"起源号是自阿波罗探月计划之后美国国家航空航天局制造的第一艘重返地球的大型航天器。起源号带来了一个特殊的热传导挑战问题，因为太空舱末端覆盖的几层厚橡胶碳聚合物可以让太空舱承受重返地球的热量，但是太空舱朝着太阳的前端却是金属制的。在烧蚀剂为太空舱末端隔热的同时，太空舱前端却像炎炎夏日下被高温烘烤的轿车。针对温度问题，我们采取的解决办法是：在没有安装太阳风采集器的向阳面和暴露在太阳下的样本收集器一侧都涂上一层特殊的白漆。但是，随后几周我们发现白漆无法解决温度问题，绝对解决不了。

经过一番协商，我们决定把舱门一直关着。我们有数月的时间决定采取什么解决方法。对温度最敏感的元件看似是一个电池，该电池将为返回舱的降落伞提供电能。根据工程师的说法，该电池的热界限仅比室温高一点。太空舱的温度已达到电池的热界限，而且如果舱门继续开着，那么不出几天太空舱的温度将高于热界限。

大伙儿都开心不起来。只要舱门是关着的，航天器就能继续欢乐地飞行，但这样一来我们永远也收集不到心心念念的太阳风粒子样本。又或者我们可以收集到样本，但前提是牺牲打开降落伞的电池，这样一来太阳风样本会因返回舱着陆时遭碰撞而四分五裂。

工程师们对电池做了一些研究。他们确认了电池先前从未在更高的温度下进行测试，同时他们得知桑迪亚国家实验室存有大量这种电池。他们腾出一个房间作为"电池中心"，里面每个冷却器都放着数个电池。工程师在保温箱装置了加热器和温度控制器，所以保温箱还可以充当低温微波炉。随后每日每周每月电池都被以不同的温度"烹调"。工程师在数月内发现实际上电池能承受的温度比他们之前想的还要高得多，电池能长期承受接近沸点的温度。掌握了这个信息，我们便能够按计划在数月后开始太阳风粒子采集。多亏了工程师在千钧一发之际做的测验，起源号任务得以顺利进行。

2004 年 4 月 2 日，经过 27 个月的样本采集后，我们关闭起源号的舱门。门闩成功合上了——这是航天器顺利返回地球的一个重要标准。接着，点燃推进器将航天器送返地球。在探索过程中，起源号航天器绕太阳运转次数在两次以上，每次都沿着太阳和地球之间一条想象的直线运转。

在太阳风粒子采集过程中，工程师数次警告说我们在逼近电池的热界限。但我们这支唐·博纳特带领下的科学家队伍反驳说我们愿意冒这个险。降落伞电池的温度最终差点达到带来严重危险的温度。但是，因为舱门是关着的，而且没有直接暴露在太阳下的金属制品，太空舱内部温度也开始下降。这让我们松了口气。起源号任务看起来终会取得成功，至少我们没有理由怀疑它会失败。

_____第六章

撞　　击

2004 年 9 月 7 日，犹他州达格威附近迈克尔军用机场的主机棚熙熙攘攘。机棚外，多台电视转播车已准备好，发电机正在供电。机棚内部被分成两个区域。面向跑道的那个区域有两架闪闪发光的直升机停在大门旁，一墙面上整整齐齐地用胶布贴着地图和图表。机棚另外半个区域放着很多排椅子，椅子正前方是一个带大屏幕的舞台、一个讲台和一张面朝小房间的评审团桌子。小房间在该区域后方，里面摆满放着电话的桌子。媒体代表陆续达到，为明天的大事件做准备。

美国国家航空航天局已经引起媒体的轰动。起源号任务计划让装载有太阳风粒子的返回舱返回地球，为了防止易碎硅片装载的太阳风粒子样本因返回舱在落到地面时产生剧烈碰撞而造成破坏，美国国家航空航天局将实施有史以来最大胆的回收计划——用直升机在空中回收返回舱。"空中回收法"已在军队机密级活动中使用多年，但对民用航天活动和公众而言，这是首次尝试。

在达格威试验场从空中用直升机钩住起源号返回舱的想法早在 1994 年构想成型。航天器小组希望返回舱能在陆地着陆。因为我们担心如果返回舱坠海，那么咸海水会污染太阳风粒子样本；更糟糕的情况是，返回舱会沉入海底。选择达格威试验场为接收点有以下几个原因：第一，此地是美国大陆最大的空中禁区。面积大很重要，因为返回舱的着陆面积可能相当大。着陆点位置的确定取决于几个因素：最终操纵、返回角度和高层大气风。将上述不确定因素考虑在内，就起源号而言，返回舱着陆面积大约是 450（15×30）平方英里（1 平方英里约

2.59 平方千米，后同）。达格威试验场及其空中禁区非常适合这个椭圆形的返回舱着陆。第二，达格威试验场归政府所有，若返回舱不幸撞到地面，也不会给房屋和人造成伤害。该试验场基本上是平坦的：实际上，它是个盐滩。第三，达格威试验场和地球上其他试验场一样都是用于追踪外来物体。达格威的主试验场犹他州试验与训练场有五十多处用于检测巡航导弹的雷达和光学跟踪站。美国国家航空航天局的返回舱早在着陆前就会被这些跟踪站轻而易举地察觉到。

起源号返回舱的接收计划如下：按照军队的模式，返回舱配置了翼伞——用于多数航空体育运动的矩形伞——而非圆形降落伞。一旦直升机驾驶员接收到下降中的返回舱卫星定位且用肉眼看见返回舱，他就会对其进行追踪。随后驾驶员会用直升机下端吊杆下的铁钩勾住返回舱上的降落伞，然后带着返回舱回到军用机场，被运到无菌室接受检查和拆卸。

在项目申请阶段，起源号已被初步允许用达格威试验场作为着陆点。因为军用飞机驾驶员可能要服从军队安排出勤，所以起源号团队选择民航驾驶员执行直升机接收任务。美国国家航空航天局与私人飞行公司维迪戈签了合同，旨在从该公司精心挑选最优秀的商业驾驶员。经过多方咨询，他们多次被推荐为好莱坞资深特技直升机驾驶员。于是克里夫·弗莱明和丹·鲁德特两人领衔"主演"了这幕起源号返回舱接收"惊险大片"。在返回舱回来前数月数周的时间里，头条新闻频频出现类似"美国国家航空航天局雇好莱坞特技飞行员空中特技'劫宝'"的标题。8 月份召开的某场新闻发布会只重点采访了其中一位飞行员，因为另外一名飞行员正在芝加哥的街道上忙着拍摄《蝙蝠侠：侠影之谜》。对媒体和公众来说，起源号的返回舱就是在一个不同寻常的地方发生的不同寻常的事件。

达格威试验场给人一种奇特的梦幻感。从盐湖城开车到斯库谷向南转的车程近一个小时，一路上会经过大盐湖边缘形状奇特和通体白色的沟渠，过了斯库谷之后 40 分钟的车程里也只能见到三座孤零零的农舍。一旦车子驶入达格威，在到达迈克尔军用机场之前，道路两侧皆是更广阔的山谷和几处检查站，这个机场感觉像是美国南部最荒芜的地方。由于植被稀疏，因此很难分清飞机跑道和它周围的沙漠。

9 月 8 日上午，万里晴空，飞机棚在太阳升起之前已挤满了人。几个小时前，在遥远的外太空，起源号最后一项任务——返回舱和母船分离，已顺利完成，返回舱加速冲回地球。就在返回舱进入大气层之际，它正以每小时近4千米（每小时2.5万英里）的速度下降。

宇航员已确认空中一处被称为"锁孔"的区域，航天器必须进入该区域才能在指定的区域内着陆。如果起源号在结束最后一项操纵后没有飞往锁孔区，这个入口必须被放弃，航天器进入一个轨道，该轨道数周后会将航天器带回该区域让其再次尝试进入锁孔去。如果起源号能穿越锁孔，那么在进去之前就只剩一项复杂的程序：让航天器将热屏蔽罩转向地球，像陀螺般自旋朝上，然后和返回舱分离。返回舱和推进舱脱离后，返回舱返回，推进舱重返外层空间，随后焚毁。

太空舱和母船有四点连接分离面：三个结构类附件和一条很重的电子电缆，这条电缆用于向太空舱接收和传送信息。爆炸螺栓启动，分离四个连接点。如果其中一个爆炸螺栓启动不了，那么母船和太空舱会一起摇晃进入大气层——至于会发生什么样的危险结果，没有人知道。

幸好，起源号操作漂亮，它看似正冲向达格威试验场中间一处绝妙的着陆点。飞机棚里，美国国家航空航天局的高官、起源号团队成员的配偶和家属、大批的记者和摄制组人员都在期待返回舱的着陆。第一架直升机利用旋翼拉力准备起飞，第二架直升机也准备起飞，人群涌到停机坪观看直升机的起飞过程。两架直升机在欢呼声中起飞了。离开飞机场，直升机必须飞将近30英里才能到达指定接收区域近旁的盘旋处。一旦部署好起源号的降落伞并得知起源号的准确位置，飞行员就会收到继续前进的飞行指令。

但进展并不顺利。

由于在返回舱着陆过程中我没负责要事，所以我被分配到贵宾和新闻飞机棚工作。美国国家航空航天局媒体公关部官员告诉我，假使一切顺利，那么我只需等着各种采访。我忘记询问如果出岔子了要怎么办。当直升机到达等待返回舱归来的盘旋区域时，我在第一排找了个位置坐下，同众多记者和重要人物一起看着大屏幕的直播。

在看了很久的直升机盘旋，画面突然切换到远距离相机，我们看到一个白色小点隐隐约约出现在湛蓝的天空中。人群爆发出激动欢呼。起源号在太空中历时3年又1个月，它的返回舱终于回地球了，这是史上第一个飞越月球并返回地球的航天器。

我在想自己童年时期对火箭模型的爱好是否是在为今天的一切做准备。道格和我儿时发射的火箭模型远非完美。有很多次，由于降落伞没打开，所以我们煞费苦心制作的火箭模型都直接撞上地面。大多数时候，火箭模型坠地并不会造成毁灭性的破坏，但是会撞坏火箭的一两个尾翼，火箭会变脏变形。其他时候，当降落伞成功打开，火箭会往错误的方向下降，要么坠入我们的小镇要么坠落到树丛上。我的肋骨处有个伤疤，那是我爬树拿火箭时留下的。有了这些前车之鉴，我认为降落伞接收任务充其量只是受控的混乱。我们必须为一切做好准备——这也是构成激动的部分。

在起源号返回舱继续冲破大气层的过程中，远距离相机一直在拍它。随着返回舱越来越靠近地面，我们可以看到它翻了个跟斗。在翻转了一分多钟后，广播终于传来冷静的声音："主伞没开，减速伞没开。"观众们开始窃窃私语。返回舱的翻转画面越来越清晰，我们可以很容易看清返回舱的情况。自返回舱进入我们的眼帘已过四分半钟，没有人在欢呼。广播又传来声音："预计会遭撞击。"地平线立即出现在镜头背景里，画面随即变成空白。

人群倒吸了一口气。我们听到广播说"已遭遇撞击"。其中一个驾驶员没有完全明白情况，还在通过无线电发送高飞请求。广播回复返回舱已撞击地面。几秒钟后，大屏幕显示返回舱坠落在沙漠里，有一半身子都陷入沙漠中，并且已经裂开。

这一幕在飞机棚里引起了短暂的骚乱。洛斯阿拉莫斯的当地记者罗杰·斯诺德格拉斯蹿地一下子跑到我跟前采访我。其他记者在他的带领下也都把我当作此刻最有发言权的人，短短几分钟我就被 20 多架摄像机和话筒包围了。

返回舱坠落也许是自埃维尔·克尼维尔表演驾驶摩托车飞越斯内克河谷之后最精彩的灾难一幕。返回舱就像我的亲生孩子，过去 14 年我所做的一切都是为了今天，因此我成了媒体的最佳采访目标。记者们想知道我对这场灾难的看法、我对这一悲惨损失的回应以及我的处理方式。然而，我的第一反应则是回想十年前我们团队如何为实现这项任务做安排、我们的计划如何取得现在的成功。我们曾想过其他可能性——太空舱可能会在太空中失联，返回舱返回时可能会失败，会像一年前哥伦比亚号航天飞机那样散落数百平方英里的残骸。又或者，返回舱可能会撞上试验场附近的山峰裂成无数无用的碎片。在我们设想过且计划好应对方案的一系列灾难中，此次起源号返回舱的坠落属于中度灾难：我们的太阳风粒子样本已被携回地面，但它们有一部分已破碎且受污。我们将着手解决这个问题。

但是，媒体对我的安抚性回答并不感兴趣。他们都看到了可怕的坠落一幕，他们想极力恶化这场灾难："返回舱坠落不在预期中，不是吗？""看到返回舱坠地，请问您作何感想？""美国国家航空航天局能从残骸中得到收获吗？""此次坠落对美国国家航空航天局是不是另一次重击？"我向他们保证这和火星车坠落不是一回事。我们会修复并分析样本，这早已在我们的预期之中。但记者们的问题越来越尖锐。很明显，媒体想要将坠落报道成一场彻头彻尾的失败事件，但我决定不让他们得逞。双方礼貌僵持了约10分钟，这时喷气推进实验室的媒体公关来为我解围，把我拉出人群。余下的采访必须等到官方新闻发布会结束后方能继续。

同时，我想知道回收小组发生了什么事。贵宾飞机棚在沙漠跑道的一边，而控制中心和返回舱在跑道终点的另一边。我跑到自己的车里。在这区域周围站岗的警卫看起来都垂头丧气的。

一上车，我的眼泪立马在眼眶里打转。我的脑海中一直闪过记者的评论和问题。是的，这是一场灾难。的确发生了糟糕的事。其实事情不应该是这样的！我的心都碎了。我清楚我们还是要从起源号那里获得结果，但每个人都说它是一场灾难，所以我也渐渐认为他们是对的。

我紧急刹车，跑进控制中心，追上回收小组。大伙儿正从应急工具箱里拿铲、防水油布、相机和手套。正要前往事发地点之际，回收小组被召回参加计划会议。军用护航直升机在坠落点降落，一批人开始近距离检查返回舱，对未爆炸的高温装置仍谨慎对待，该装置因电池故障导致降落伞没能按原计划打开。

主机棚那头正在召开一场紧急新闻发布会。数台摄像机准备就绪，但是起源号项目负责人却迟迟不见人影。唐觉得自己要为降落伞的电池故障负责，所以没有心情接受采访。他害怕大家把事故归咎于他，而且他打从心底认为这是自己的错，所以更没办法一脸轻松地出现在公众面前。

实际上，返回舱的坠地在航天器小组的预料之中。其中最重要的一项应变措施是给每个样本收集硅化玻璃盘都涂上独特的厚层。这样一来，当硅化玻璃盘破碎时，科学家可以通过其特有的厚层识别碎片。因为这场严重的坠地事故导致硅化玻璃盘四分五裂，所以识别碎片是个很重要的细节。当新闻发布会开始的时候，回收小组正前往坠落现场。

回收小组开始干起捡碎片的费力活。首先要做的是拆除本应部署降落伞的爆炸设备。降落伞舱面都破开了，所以不用太费力就能剪断伞绳。一旦完成这项工作，小组成员便仔细观察返回舱，思考移动它的最佳方法。

返回舱重重地栽到沙漠里，几乎裂成好几部分。在返回地球途中最高温处保护返回舱的大部分热屏蔽罩也裂开了。遭遇相同命运的是顶部的降落伞舱面。舱内的科学罐也被撞开了，部分破碎的太阳风粒子样本已撒落在地。

回收小组每次取下返回舱的一部分，尽可能地保护太阳风粒子样本。他们先移走降落伞舱面，然后移走热屏蔽罩。这些残骸被装到一种叫"泥狗"的车上，这种车是坦克和卡车的结合体，车型像泥狗一样滑稽，用于运载泥泞盐滩内外的重型设备。移走这些重型设备后，回收小组就可以细看样本科学罐遭破坏的程度。

移走返回舱外部的设备后，回收小组小心翼翼地将防水油布放在已打开的科学罐旁，然后把科学罐抬放到油布里。科学罐和人一样重，需要几个人才抬得动。回收小组在科学罐下又放了一张油布，抓住油布的边缘，把科学罐抬往一架待命的直升机。有几名组员留下来待到天黑，在舱体撞出的小坑中筛滤，从中捡样本收集器残余的碎片或返回舱的残骸。

回收小组报告说他们无法找到最重要的收集器之一——太阳风集中器。我不确定是他们尚未找到还是集中器真的不见了。我在控制中心一直待到他们将油布包着的科学罐带回来，但还没看到拿掉油布后的科学罐我就驱车回到了盐湖城。当晚，团队宝贵的集中器下落不明让我一夜无好梦。

隔天早晨，我被安排去全方位寻找集中器。当我去察看科学罐时，在事故地点将它运回来的技术人员提醒我："您所见的一切可能会让您很难受。"在整个拆卸过程中我感觉就像是在拆一部驾驶多年的破旧汽车。虽然这个比喻不是很贴切，但亦不远矣。

科学罐仍被放在两张油布上，正面朝下，在闭合口的底部和顶部有个几英寸的缺口。透过这个缺口，我在一片残骸中看到了裹金的集中器。正常情况下，集中器应该在科学罐的正中间，面朝背后的反射镜。但是，冲击导致科学罐的内部结构都被挤到同一边。对此，我们所能做的只有用手电筒和镜子透过缺口察看。经过无数次努力，一位同事终于成功将镜子放在可以看见太阳风粒子样本的位置。让我们如释重负的是几乎所有收集器都还在里面，完好无损！这真是个奇迹。我们继续辨认其他几个收集器——有一层大金属箔片的那个是用于尖端科学的集中器，其他几个易碎的硅化玻璃盘收集器仍在它们的老位置。

与此同时，我们召开另一场新闻发布会告知媒体我们已经找到完好的太阳风粒子样本。返回舱坠地已吸引了公众的注意力，因此，记者们很愿意追踪这个大事件，从坠落现场为观众带去更多相关报道。媒体总是钟爱极端事件，所以他们很乐意勾勒出一幅新的成功景象。当然，完整的事故报告要好几年后才知道，要等到样本得到彻底分析且科学结果——起源号的真正任务——确定后才知道。取得科学结果的成功与否才是起源号成败的唯一判断标准。

在返回舱着陆之前数周，回收人员一直在机场附近的大楼内准备一个无菌室。无菌室是为样本科学做准备的，而后，这些样本将会被送往休斯敦，在那里样本将被放在月球岩石旁的安全实物展品柜里。不过无菌室也准备用于偶发事件，以防犹他州有更多其他的必要活动。现在，我们很庆幸当初设立了无菌室。

从事发地点移走最后一片残骸，并评估科学罐的外部损伤后，回收小组开始执行打开科学罐和取出样本这两项任务。在割破科学罐之前，回收小组先去了一家工业硬件供应商店买了各种螺栓刀具、钳子、轻便的动力工具和撬棍。其中有很多工具是我们的工程师和技术人员没见过的。喷气推进实验室还派了一个人指导我们的组员"拆卸"。最终，回收小组确定了拆卸程序：首先，取出所有易取的样本；然后，确定下一个要取的碎片或残骸，寻找最脆弱的点，切开此点，利用切开的小片区域或钻孔把要取的东西取出来。之后重复上述程序。样本被取出来之后，由另一组人员分类并密封在科学罐里，随后送往休斯敦。

手头的回收工作让我们暂时忘了去深究事故的原因。

就在返回舱坠地后第三天，航天器小组的一位负责人找了我，他露出了比坠地还严重的凝重神情。他把我带到一旁，告诉我他们的工程师已经发现事故的原因。他开口便说："不是降落伞电池故障引起的问题。"也就是说，不是唐·博纳特和科学家团队的错，我们在起源号收集样本期间的过高要求不是这场灾难的原因。这让我感到如释重负。接着他告诉我事故的原因：航空电子元件出了错误。在返回途中，降落伞的部署由感受舱体减速的加速度传感器负责。在适当延迟后，加速度传感器组件会倒计时部署降落伞。但是，加速度传感器被装反了——两个都被装反了！加速度传感器的设计图是错的，所有的测试和评估，甚至连1998年两次火星车任务失败的重新评估，都没能发现这个错误。

生产传感器的这家公司也负责制造两年后采集彗星样本的星尘号的返回舱。幸好，虽然星尘号里的航空电子元件几乎和起源号一模一样，但是它的加速度传感器安装是正确的。因此，星尘号不会重演起源号的坠毁场景。

第七章

柳暗花明

起源号返回舱坠地，样本科学罐回收后，我们的士气降至低点。但是，随着越来越多的样本被发现并成功回收，士气也渐渐回升。这感觉很像是在一个孩子的聚会上拥有埋藏宝藏的沙盒。每回收一个样本，无菌室外的成员就会齐聚在窗户旁欢呼。当有个特别重要的样本要被转移时，就连基地指挥官也闻讯前来。显然起源号撑过了这场灾难，此次任务仍具有科学价值。

当然，灾难也带来了很多不良后果：样本分析时间比计划中的长。灾难还导致分析过程复杂化：不仅是坠地导致的样本变小和受污问题，还有飞行中受污问题。在制造太空舱的时候，工程师们已经采取防护措施避免此类污染，但是很多材料在真空环境中会产生水蒸气，水蒸气会冷凝在干净的太空舱表面。尽管面临诸多挑战，但是在做足清洁工作后，科学家们终于可以测定和检查样本了。

起源号的主要目标是确定太阳中的同位素比值。* 早在 20 世纪 70 年代，科学家就已经开始测定陨石和新获月球岩石的同位素比值。结果发现，不同行星物质中大部分元素的同位素都是恒定的。但是，不同陨石的氧同位素却大大不同，陨石是来自不同小行星的碎块。从中我们可以获知关于太阳系的什么信息呢？过去 30 多年，引起氧同位素差异的原因一直是个谜，宇宙化学家打趣道答案好比是太阳系中的圣杯，努力寻找也不见得找得到。

---

* 具有不同原子质量的同一元素的不同核素互为同位素。比如，氧有三种同位素：氧 16、氧 17 和氧 18。我们平常呼吸的空气绝大部分是氧 16，但也有一小部分含氧 17 和氧 18。通过这些同位素的比例，科学家可以得知有关该物质历史的重要细节。

科学家假定了几种理论来解释氧的差异。第一种理论认为太阳系是由含有尘埃和气体的物质形成，其中尘埃由一种氧同位素组成，气体由另一种氧同位素组成。这两种同位素没有完全混合，而且因为两种同位素差异很大，所以太阳系天体最终含有不同的氧同位素组成。第二种理论认为早在太阳系形成过程中发生的一种化学反应导致一些陨石含有和地球与太阳不同的氧同位素组成。这两种理论均推测太阳的同位素组成与地球的同位素组成非常相似。

第三种理论鲜为人知，该理论在起源号飞行时重新流行起来。该理论认为来自早期太阳的紫外线引起稀有同位素氧17和氧18发生了化学反应，所以在行星形成区域占主导地位。同样的化学反应也会发生于更常见的同位素氧16，但在太阳附近有非常多的氧16，所以影响同位素氧16的紫外线都被它吸收了，这就好比大气层保护我们免受待在海平面附近迅速的晒伤。只有该理论预测行星含有的稀有同位素比太阳多。

起源号研究人员预计太阳风的氧气测量会很困难，因为这元素存在于地球上的每一种物质。太阳风收集器被设计专门用于飞往太空提高机会收集足够的氧气并免受背景信号影响。此外，在美国加州大学洛杉矶分校的凯文·麦克基甘的指导下，我们制造了一个用来分析样本的特殊实验室仪器。该仪器是两个普通分析仪器的合体，体积特别大，令人印象深刻：首先它用数块磁铁将离子从样本收集器中分离出来，其次将离子加速至16000伏特，然后把离子送进一张超薄的铝箔片，最后对同位素比值进行分析。该仪器重达数吨，占用了非常大的空间，离子飞行路径围绕着仪器周围。

由于这一测量很重要，所以加州大学洛杉矶分校采取了非常多的预防措施确保新仪器已经完全准备好能够安全地装载来自起源号的宝贵样本。科学家们用实践样本执行了数次预备运行，在感到放心之后才对真实样本执行操作。

*

2008年3月9日，得克萨斯州休斯敦，起源号坠毁3年半后

我在闹钟响之前醒来了。这是夏令时的第一天，曙光刚开始照亮天空，也照亮酒店房间的窗口。我一直梦到太阳。过去数月，我听说加州大学洛杉矶分校的朋友在测定太阳氧同位素方面取得了进展。就在前两天他们给我发了封电子邮件。测定结果是明确的：太阳中的氧同位素

与地球上的完全不同。该测定表明了稀有氧同位素的严重贫化，正如前面提到的第三个理论所预测的那样。这一天的上午凯文·麦克基甘正打算在休斯敦的起源号会议上汇报这一结果，并于隔天向科学界汇报。这是令人振奋的消息。考虑到太阳的体积是地球的几千倍大，我们地球人的构成才是不正常的。

这些新成果会为理论家们带来很多值得考虑的事情。在试图理解和太阳系起源一样复杂的事情之时，科学家需要弄清许多个别细节问题才能够看到更全面的画面。科学取得了跨越式的进展，理论因缺乏更多的证据耽搁了，有时一耽搁就是数年，然后突然之间，科学家持有了一些新数据，于是理论短时间内有了大进展。来自起源号的结果为进展之一做出了贡献。

对我而言最重要的是起源号终究是完成了自己的使命。我是对的，因为在起源号返回舱坠落时，我告诉记者我们仍可以完成测量。那种感觉真好。

快速吃完早餐后，我走到外面开车。草地上和车窗上披着一层厚厚的露水。在星期天的晨间一切显得相当静谧，整座城市看起来几乎阒无人迹。从我下榻的酒店开车到休斯敦大学的清湖分校只要很短的时间，起源号会议召开地点就在清湖分校校区。停车场空荡荡的，空气中传来附近树上的鸟鸣。

太阳刚刚升起，橘红色的阳光穿透附近支流上的薄雾。我驻足观看阳光穿透树的缝隙。一旦阳光完全透过缝隙，我便心领神会地看个很久。在我的脑海里这一幕看似更熟悉。这是我们第一次知道太阳的秘密——是的，我们知道。

*

起源号的使命是继续披露太阳以及太阳系更多的秘密。对氧同位素进行测定数年之后，加州大学洛杉矶分校和法国的科学家们使用收集器目标来确定来自太阳的氮同位素组成。令科学家吃惊的是，他们发现，太阳和地球的氮15和氮14同位素比值有着更为显著的差异。和氧气一样，地球中的稀有氮同位素含量比太阳中的更为丰富。

起初我们搞不清这是怎么回事。这和我们在氧气身上看到的是同一结果吗？最后，我们终于渐渐明白这是怎么回事。氮的化学特性导致它比氧遭到更强烈的光化学自吸收，其中科学家首先发现的是氧同位素自吸收。起源号团队现在正在调查其他太阳系的气体——也许是碳或硫——是否受到同样的影响方式。

我们柳暗花明了，这些研究结果就是我们致力于该任务多年的初衷。虽然这些结果没有出现在报纸头条上，但那时我们肯定起源号任务取得了极大成功。

但当初投入起源号任务时，我并不知道这对我来说只是开始。我童年时期对这颗红色星球的兴趣最终会被证明是有先见之明的——火星之旅即将到来，这不是普通的火星探索之旅，而是史上最重大的火星之旅。

第二部分

通往火星之路

第八章

激光与火星车

1997 年 7 月我随戴维·克莱莫斯走进洛斯阿拉莫斯实验室某一旧实验楼的实验室。这个实验室看起来好像是 20 世纪 50 年代和 60 年代分阶段用煤渣块建成的。书籍被堆放在几个角落里，每处平整表面上都放着仪器、镜头或光学基座。文件柜看起来就像长了粉刺。后来我发现这些文件柜曾被用于激光打靶。实验室的一端是一个类似于望远镜装置的微小奇妙机械装置。这个装置由一个雪茄大小的激光器和一台小望远镜组合而成，二者排成一列。激光器被用钩固定在一个小的电子盒里，一个小的 9 伏电池晶体管伸出了电子盒一端。实验室的另一端是一个铺满灰尘的操作台，台上有个石块。

仅在几个月前我才在洛斯阿拉莫斯落脚，我想用激光考察除月球之外的其他无空气的天体。研究小组的成员认为我这个想法很好，所以我获得了资金来验证该想法。最后，我的计划没有成功，但却让我能够接触到戴维和一个更有应用前景的技术。

正当我环视实验室的时候，戴维接上电池并按下按钮。一道看不见的光束"嚓"地穿越房间射穿石块并迸出短暂的闪光。戴维打开帐幕拿出光谱仪，光谱仪是个能高度敏感地分辨颜色的小工具，能显示那一道闪光的彩色光谱。戴维解释说光谱包括了石块内每种元素的独特色彩。用激光击穿另一种组成成分的石块会产生由不同颜色混在一起的光谱。

我立即痴迷于这种称为激光诱导击穿光谱仪的技术。最近新技术已导致激光器和光谱仪的小型化，因此，作为我之前提到的微小奇妙机械装置，你们可以想象一下这样的一个仪器小到足以装进宇宙着陆器或探测器。而且这一仪器相对有能耐。在很多人的印象中，一道强大到足以穿过房间击穿岩石产生火花的激光所需的电能会高于一艘小航天器能提供的。毕竟，为了击穿石块上的一小点，激光器就提供了近百万灯泡需要的电能。但激光的脉冲很短，只有十亿分之一秒。伸出电子盒的微小装置表明怀疑者是错误的。

自著名新闻主持人奥逊·威尔斯读了《世界大战》这本书起，激光枪就成了科幻小说中的必备道具。20 世纪 60 年代初，在提出激光这一概念之前很久人们就开始使用激光枪一词。可惜的是，对科幻爱好者来说早期激光器很大很重，而且几乎不够强大，不足以撑起激光枪的崇高形象。激光具有无数的低功率用途，从杂货店内的条形码阅读器到数字多功能光盘和计算机驱动器内的激励源。高功率激光器大多用于实验室和军事研究，20 世纪 80 年代罗纳德·里根政府提倡的"星球大战"导弹防御系统尤其刺激了高功率激光器的应用。21 世纪早些年，美军拥有一个在适当条件下强大到足以击落导弹的激光器。史上最大的激光器项目是劳伦斯利物摩国家实验室的国家点火装置，在一栋有三个足球场大的建筑里同时发射近 200 束光柱点燃核聚变，发射功率峰值高达 500 万亿瓦。

我曾有过使用激光器的经验。五年前，我曾作为一名访问学者与一组将受激准分子＊激光器和染料激光器用于共振电离质谱学的人员一起访问了芝加哥附近的阿贡国家实验室。那时我们正在研发用于起源号样本的技术，但共振电离质谱学计划相当复杂。又大又重的准分子激光器会射出光子，但激光波长却不对。为了调整波长，我们必须将准分子激光光束照进染料室，染料室可以将波长转化为我们所需的波长。该致癌染料一段时间后会磨损手套，我们不得不扔掉新一批被磨损的手套，并小心翼翼以免泼洒染料。最重要的是，准分子激光需要约 2 万伏特才得以运行。当激光器产生了短光而不是强大的光束，我们将会听到防护罩内响起可怕的尖锐爆裂声。当阿贡国家实验室的科学家们移走防护罩并把他们的头探到里面试图找出正在产生弧光的位置，这让我很紧张。

大多数光源会产生一系列彩光。激光器独特的特征是，它们产生具有单一波长的光——而且它们始终如一这么做——也就是说，每个光子看上去完全相同——结果是它们可以被聚焦成窄波束。事实上，激光这个术语是通过受激辐射光放大的缩写，因为这是由含有电子属性的晶

＊ "受激准分子"（exited dimer）指的是在受激状态中只停留几毫微秒的二原子分子。

体发出的光。当电子受刺激到一定水平高于这些晶体的基态，有个触发器会引起晶体去"放松"。每个电子释放的能量会产生先前提过的一个光子。各种激光器用不同的化学物质或晶体产生不同波长。我在阿贡国家实验室见到的受激准分子激光器使用的是氟气，氟气是一种令人作呕的物质。军队最大的激光器用的是碘，碘只比氟气好了那么点。

尽管激光系统存在许多挑战，但至少有一种仪器已成功地飞上太空，顺利进行研究。激光高度计能利用光速准确测量卫星距地面高度。现代电子器件可以用高于十亿分之一秒的精确度放大信号，激光十亿分之一秒能传播1英里。一个准确的时控激光脉冲会被弹开一个表面，以确定原位置和表面之间的距离。阿波罗11号的宇航员已经将一个反射器放置在月球上，这样一来，我们就能用地球上的激光系统对反射光进行准确计时，研究月球的精确轨道。后来在登上月球时阿波罗登月计划已配备了激光高度计，让它们能绘制月球的部分地形。20世纪90年代，激光这一概念是以火星轨道镭射测高仪的形式被送上太空。这些仪器的操作相对都比较简单，但体积仍比较庞大，因为它们需要探测地面下几百英里的岩石或土壤反射回来的激光。由于航天火箭的质量限制，所以探测器体积必须小一些。

随着对戴维介绍的激光诱导击穿光谱技术的了解越多，我更加确信另一个星球的表面是很简单的一件事。激光诱导击穿光谱仪并不要求激光射出任何特殊的波长，它仅需要发射足够的能量以快速加热目标物表面的原子。戴维曾经使用过的那个小激光器看起来非常简单，它并不比雪茄大，看起来几乎就像是纸板做的。实际上那个激光器就是一个棕色塑料材料做成的装置，其中一端有个小窗口。激光器里面是钇铝石榴石激光，它使用固态晶体产生不可见的没有任何有毒化学物质的红外光束。这是火星轨道镭射测高仪曾经使用的同一种激光，只不过它是小型激光器。那时我尚不熟悉钇铝石榴石激光，但是戴维刚展示的体积小且操作简便的激光器确实很吸引我。

20世纪80年代初戴维已经与洛斯阿拉莫斯的另一位同事开始致力于激光诱导击穿光谱仪。那时候的激光器体积相当大，但在20世纪80年代戴维发现激光诱导击穿光谱仪可以用于较远的样本——使它能有新的应用。同时，激光器的组件也变得更袖珍。除了激光，另一个主要组件是用于探测由等离子体射出的光。当我还是个本科生的时候，我曾用过一个大到足以覆盖整个桌面的光谱仪。光穿过一端的狭缝，并将衍射光栅弹向几英尺外的其他光学元件，穿过另道狭缝，投射到检测器上。我用的那个光谱仪一次只能检测一个波长，而且操作者不得不转动旋钮来改变它正在探测的波长。相比之下，戴维给我看的光谱仪小到用一只手就能握住。这些袖珍的光谱仪在20世纪90年代已投入生产。它们可以在同一时间探测各种波长，而且不用转动旋钮。

戴维和他的同事已经开始梦想着把这个设备放到火星车上，可能是用于探测火星。

在我和戴维会面之前数月，探索火星的动机已受到巨大推动，推动因素是来自微体化石传说中的发现，微观化石据称是火星上的早期原始生命，是在火星的陨石中发现的。虽然地球上现有的几十颗陨石似乎都来自火星，比如我读研那会儿研究的那一颗陨石，这个奇特的标本是唯一一个始于火星历史最早时代的陨石。它包含了被研究人员认定为可能是细菌类生物的体积小且富含碳的微体化石。这一传说中的发现发生于1996年，立即引起了一场争议风暴。那时我还在加州理工学院，我们很多人被召集到副校长室，副校长问我们这些化石是否真的是微体化石以及学院要怎么利用自己的资源来研究这些物体。所有人关注的焦点都成了这些物体是否是火星古老生命的真正化石。

这让火星爱好者很兴奋，令公众无法抗拒，但这个问题在科学界内竟成了高度的两极分化，并且将火星探索转向一个意想不到的方向。专家们的讨论变得非常激烈。科学家们立刻分成了两个阵营，一个阵营的科学家虽然相信火星上存在生命，但他们相当肯定这些物体不是化石；另一阵营的科学家认为这些物体真的是微体化石。对研究火星的科学界来说，这是多年来最激烈的争议。

只有一个陨石含有传说中的微体化石，加上大多数的科学问题，需要更多的数据来证实或否认该理论成了最重要的事。这给火星的进一步探索带来了巨大推力。显然该计划需要新的任务和新的仪器来解决这个颇有意思的争议。

我到洛斯阿拉莫斯还没一年之时，美国国家航空航天局就发出通知，要为新的火星任务寻找合适的仪器。被选中的团队将开始一项为期三年的计划构建并测试自己的仪器。赢得合约并不能保证能飞上太空，但我们的仪器原型将被安装在美国国家航空航天局的火星车上并在沙漠中进行现场测试。这正是我们在寻求的机会。这可能是火星探索新事业的开端，可能会带来一项新任务的切入点。戴维希望我能提供与美国国家航空航天局合作的必要经验。

彼时起源号的工作正如火如荼地展开，我在百忙之中抽出几个小时和戴维会面，一起组建一个团队写一个计划。我打了几个电话给负责建造在沙漠中进行现场测试的火星车工作人员，向他们了解我们需要做哪些工作才能使自己的仪器规格符合他们火星车的需要。虽然过去几年中我经常待在喷气推进实验室，但是我尚未与设计和建造火星车的团队有过互动。对喷气推进实验室而言，火星车是一个相对较新的发展，用火星车进行宇宙探索任务是 4 年前才开始的。火星车车手对我们的"激光枪"很感兴趣，他们鼓励我们提交这份计划。于是，我们提交了这份计划，静候回复。

1998 年夏末，美国国家航空航天局发来通知说我们的计划是获得最高评价之一的计划，已被选定获得三年的经费赞助。我们开心极了！

在经费到账之前，当我还在喷气推进实验室负责起源号项目的时候，我决定去拜访火星车技术组，和他们讨论如何将我们计划中的激光诱导击穿光谱仪与要接受测试的火星车整合。喷气推进实验室由几座密集的高科技大厦和小城市街区组成，靠近洛杉矶盆地北面背靠的圣加布里埃尔山。喷气推进实验室的历史可以追溯到 20 世纪 30 年代末，那时一些加州理工学院的航空工程师开始从事火箭发动机的工作。因为他们从事炸药的工作，所以被踢出了校园，因此他们在山脉旁的旱谷，一处又平又干的河底，设立了一个研究基地。二十年后，首次将美国卫星送入轨道的就是喷气推进实验室的科学家。

当我去拜访他们的时候，喷气推进实验室正忙于制造火星车和机器人。就在一年前，他们成功地将一架小型火星车探路者送上火星，他们现在正在为类似的其他任务做准备。我们的激光诱导击穿光谱仪团队从火星车开发者那里获得了信息，知道如何制造我们的设备使之能够适合火星车，知道火星车将如何用激光瞄准不同的目标，知道我们的仪器的工作电压是多大，知道我们的仪器会消耗多少电流，还知道如何从我们的仪器原型那里发送命令和接收数据。我期待着去学习关于火星车的一切，它似乎是未来星际探索的主流。

火星车开发团队的负责人埃里克·鲍姆加特纳带领我走进一个车库大小的建筑。在房间正中央，火星车的内部结构被分散在多个工作台上。车轮、底盘、桅杆、仪器臂、相机和电缆到处都是。这是我第一次看到一部真正的火星车，或者说即将是真正的火星车。当我们站在零部件阵列中，埃里克向我描述了所有不同的组件以及火星车开发团队的建造计划。火星车将在一年内完成，该团队正在开始计划它的第一次沙漠之旅。看完火星车建造现场后，埃里克把我带进一间会议室，给我找了个座位。然后，他向我透露我们的仪器将不会与他们的火星车一起进行测试。因为他们的计划和经费只能用于测试已执行核准任务的仪器，而不用于测试那些为执行不确定的未来使命还处于开发阶段的仪器。他的话提醒了我，我们的仪器仍然处于梦想阶段，我们距离预定好的宇宙空间飞行还有很长的路要走。

我失望地回家了。虽然美国国家航空航天局的项目说明曾表示我们将在喷气推进实验室的火星车上测试我们的仪器，但它没有就火星车开发团队在我们项目中的作用对其进行资助。回到办公室后，我打电话给我们在美国国家航空航天局总部的项目负责人了解在火星车测试中我们能做些什么。对方听完我们的遭遇感到很不高兴，他信誓旦旦地说我们在三年计划结束前一定能在火星车上测试我们的仪器。

戴维和我等了七个月，却没等到任何消息。1999 年春，我们见了喷气推进实验室的火星车负责人，很明显他们尚无计划为我们的仪器提供美国国家航空航天局总部曾许诺的测试机会。我们陷入了权力冲突之中。美国国家航空航天局总部已经许诺我们将可以用喷气推进实验室的火星车测试我们的仪器。然而，美国国家航空航天局该团队根本就没提供经费给喷气推进实验室让他们考虑这项测试。美国国家航空航天局现在处于把预算削减到最低限度的时代，而喷气推进实验室可用的经费也很紧。他们根本无法处理其他不提供经费的任务。

美国国家航空航天局总部和喷气推进实验室之间的僵局让戴维和我感到很沮丧。因为我们想要从美国国家航空航天局某一火星车的测试中获得的东西有很多。比如，我们真正能够制造的仪器尺寸是多少？该仪器消耗的能量有多大？我们应该准备什么样的操作场景，也就是说，什么样的距离有助于接触到我们的仪器？将需要多少次分析才能确定某一岩石或土壤样本的特征？什么样的元素丰度能让我们对各种石块有最多的了解？除了解决上述问题，我们还可以从火星车测试中了解到内部信息，提高公共关系。我们认为吹嘘有火星车经验可以大大帮助我们说服未来的审查委员，说服他们我们的仪器应该入选飞上另一个星球。而且结识与火星车项目最有关系的人将在政治上对我们有所帮助。毕竟他们可能会参与飞行载荷决定。与此同时，戴维在实验室里完成了分析，表明我们可以用什么样的准确度和距离检测什么样的元素。我们也在寻找可以用于我们系统的最小商用组件。

最后，我们接到了一通来自华盛顿的电话，这通电话让我们打电话给旧金山湾区的艾姆斯研究中心，这是美国国家航空航天局下属的一个研究机构。艾姆斯研究中心刚收到喷气推进实验室已建造好的原创火星车复制品，该研究中心的团队很激动有机会对其进行测试。我们立即参观了艾姆斯研究中心，并带着我们所需要的信息离开了该中心。现在我们已经准备建造一个能与艾姆斯研究中心的火星车整合的仪器。我们希望这个火星车测试能让我们离真正的火星任务更进一步。

第九章

火灾！

　　沙漠测试计划即将开始。该测试的组织者是雷·阿维德森，雷是一位资深的火星科学家，他曾领导建造 2003 年发射的一台火星探险漫游者（Mars Exploration Rovers，简称 MERs）。喷气推进实验室的原创火星车和艾姆斯研究中心的火星车复制品都涉及联合测试。喷气推进实验室的火星车缩写名为 FIDO（Field-Integrated Design and Operations，野外综合设计与操作），因此艾姆斯研究中心团队也应景地将他们的火星车命名为 K-9。在测试中，K-9 使用了遥感仪器，包括照相机和我们的激光诱导击穿光谱仪设备，这将让它成为一个勘测附近地形的"侦察兵"。FIDO 将被放在内华达州一处无人烟的"火星模式"研究站，并由喷气推进实验室的操作团队进行远程控制。从仪器获得的数据将被传递到喷气推进实验室团队，随后该团队将决定哪些陨石关闭了 FIDO 的传感器。和 K-9 的遥感设备不一样，FIDO 的传感器必须接触样本才能对其进行分析。

　　操作团队的成员不知道火星车的实际位置，他们将花时间分析仪器传回的图像和数据，从而了解火星车所在位置的地质情况。该测试将采取某些方法模拟地球与火星之间的通信。由于无线电信号需要好几分钟才能在两颗行星之间传播，所以火星上的火星车一天只能接收并发送一次信息。在该试验中，"上行线路"和"下行线路"一天将传送信息两次或三次，以加快信号传播。整个测试将耗时两个星期。

　　关于这点，我们只使用现成的商用组件，此举在行业内的术语为"商用现成品或技术"。这一想法是为了证明我们将各种商用现成品或技术拼凑在一起的理念，这将让我们美国国家航空航天局的同行有机会看到激光诱导击穿光谱仪一般情况下的工作原理，并让我们见证各种仪器组件的工作效果。商用现成品或技术比定制飞行组件便宜得多，因为它们不是被制造用于太空恶劣的环境的，即能在太空中或另一颗星球上的辐射环境、减压环境或温度巨变中工作。因此，我们的测试一起花费不到一百万美元。相比之下，对宇宙空间飞行来说，每个电子电路板设计之初都要求必须使用耐辐射性的组件，每个组件都花了一大笔钱，遑论光学和机械系统设计的花费。虽然我们喜欢让事情变得简单，并坚持在飞行方面尽可能多地使用商用组件，但我们仍然预计飞行仪器的花费至少是测试模型花费的 25 倍。

为了听到要如何测试我们仪器的消息，我们等了一年多，现在我们跃进到高速发展模式。我们拥有一个相对便宜的袖珍激光器和一台小型光谱仪适用于这项任务。但我们必须把这两样东西装进一个可以滑进滑出火星车车体的外罩里，并滑进架在火星车桅杆上的望远镜装置里。我们也必须想出一个办法用火星车提供的直流电源运行这些仪器。我们的技术人员蒙蒂·费里斯和戴维一起给电子设备装上电线，使其能用电池电源工作，他俩还将所有的组件塞进了望远镜和火星车车体的外壳里。幸运的是，在火星车从旧金山湾区被运往沙漠之前，我们有足够的时间把这些组件空运出去，进行一次配合检查。我们小组的测试将于 2000 年 5 月 8 日开始——此时距离我们将计划提交给美国国家航空航天局已两年多一点。我们将派三个人到沙漠，还要派一个人加入喷气推进实验室的联合操作团队，去破译火星车发送回来的数据。我们全体人员已准备好展示原型激光诱导击穿光谱仪的表现。

我在 5 月初逐步完成起源号仪器的最终测试，而在同一时间，戴维、蒙蒂和我如火如荼地为期待已久的现场测试做准备，我们的原型激光系统将用于此次测试。我们根本没想到新墨西哥州史上最大的一场火灾会阻止我们实现自己的目标。

2000 年上半年新墨西哥州特别干燥。因为没下雪，所以那年冬天当地的滑雪场从未营业。4 月没有下雨，5 月也几乎没有雨。阳光、低湿度、风和扬尘都比正常天气中的情况糟糕。

在火星车测试前一周，当地森林服务已启动对洛斯阿拉莫斯国家实验室西部的燃烧监控，明显是在为干旱的夏季提前做好准备。没有人知道火灾即将发生。就寝时间到了，我 6 岁的儿子卡森叫我和他妈妈格温回到他房里。卡森的床就在窗户旁边，透过窗户可以眺望到山脉。在夜色中，卡森可以看到 10 英里远的一座山山顶发出了一道奇怪的光。他想知道这道奇怪的橘色光的发光原因。为了安慰他，我们夫妇俩跟他说肯定是森林里起火了，但因为火灾地点离我们很远，所以让他不必害怕。我们再次道了晚安。

第二天实验室里都在谈论为什么森林服务先前已经开始的燃烧监控会一下子就失控了呢？大伙儿一致认为考虑到天气干燥，即使是在数月之前起火也很正常。不过，大火离实验室和小镇仍有数英里远，所以周末一切正常，只是偶尔有人会抱怨浑浊的空气。但周日起风了，防火线离实验室非常近了！到了下午，我们可以看到多架飞机盘旋在山脉上，而实验室就在小镇的西部。现在火灾烟云笼罩着整座小镇，而且越来越浓。我们听说大火已经蔓延至附近的道路，马上就要烧到实验室了。

我跳上车子，驱车去办公室抢救我的电脑。我的办公室就在森林边缘，我知道办公室那栋楼可能会是第一处着火的地方。当我驱车穿过小镇，我意识到不仅是实验室，整个小镇也都处于火灾的危险之中。西边的邻近地区已经被闪着灯的紧急救援车辆封锁了。当我把车开到将小镇和实验室隔开的高桥上，我发现它被封锁了，虽然说在两个小时前我还走过这条路。就在我开车回家的路上我看到阵容庞大的车队正在离开灾区。我看到了以前从来没见过的一些事——普通百姓脸上的恐慌。洛斯阿拉莫斯国家实验室正处于危险之中。由于我家住在东部的邻近地区，所以我们离火源稍远，但谁也不知道下一步会发生什么。我在家里挑选了几样纪念品已准备好撤离。

小镇和大火之间的对峙一直持续到周一。我开始在脑海中挣扎，我是否将能离开家人外出到火星车测验场地。我的航班定在周四，我不想为世界上的任何事错过这些测试。但那时我不知道洛斯阿拉莫斯国家实验室是否能免受火灾带来的危害。幸运的是，我们已经在上一周就把激光诱导击穿光谱仪送到测试现场——因为现在想从被严密监控的实验室中取回光谱仪器是不可能的。我们的技术人员蒙蒂提早去了内华达州，这样他就可以将仪器安装在火星车上。但如果戴维和我不能到那里，我们就无法使用激光诱导击穿光谱技术并为其他科学家破译数据。没有人知道仪器的性能。眼前的选择看起来令人很痛苦：留在家里保护我的妻儿，或者去进行可能会通向飞往火星之路的测验——飞往火星是我的梦想。本周末我将会是在哪里——是在照顾我的家人还是在向科学家们展示我们的激光枪的性能？天气和防火线看似只维持到周一和周二晚间大部分时候，所以也许我仍然有个机会进行火星车测试。

但到了周二晚上，躺在床上的时候，我们能够听到房子周围嗖嗖的风声，感受到一股又热又干的风。大风呼呼地从前门门缝中灌进来并猛摇着二楼。这真是个糟糕的转折。我们断断续续地睡着，继续呼啸着的强风划破了星期三的黎明。

我又想起了火星车测试。该测试将是一次令人兴奋的体验，我希望未来某天可以在火星上重复这样的测试。尽管灾情不断恶化，但我仍试图想象天气可能会好转，大火可能会停止燃烧，这样一来我就可以去进行测试了。我认为这还是有可能发生的。此次行程还有一些准备工作没做。我曾希望离开家里前往内华达州之前能进一趟办公室，这样我就能取出帮助我们破译数据的参考资料。实验室一直处于封锁状态，还好大卫把一些参考资料放了他家。我将这些资料提供给施乐，为我们的行程做准备。忽视即将到来的灾难，我在周三上午要做的第一件事就是把这些资料拿到镇上的影印店复印。

在此期间，我正试图为家人处理又一个烟雾弥漫和幽居病的日子。介于在镇上无事可做，所以我们考虑外出露营一晚。在格兰德河的东侧有许多安全的露营地，距离小镇大约1小时的路程，隔天我仍可以赶上前往内达华州的航班。事后回想起来这真是个疯狂的想法。我们整理好露营装备把它们装到车上。出发之前我回到影印店取到了用于现场测验的参考资料。

风越刮越大。在放下参考资料和取回影印资料之间的两个小时，我能看到一个不同的世界。火灾烟云现在包围了整个小镇，而不只是覆盖它。转弯的时候，我从山坡上看过去刚好看到西部。透过烟雾，我勉强可以看到一架消防直升机俯向峡谷边缘从城市水库中舀取更多的水。当我停车取资料的时候，影印店已经关门了，这样一来店员便可以撤离。当时我就知道，我们将会体验的不仅仅只是一次露营之旅。我脑袋里一直在想两件事：一是确保家人的安全；二是和我们的月球车计划说再见。这是一种精神痛苦。测试场地的人会理解我们的困境吗？我们会再有测试机会吗？

当我回家的时候，长长的车队已经排在每条出镇的路上。所有人都在同一时间离开小镇。我再次看到了人们惊恐的神情。一部装有机械臂和铲斗的多用途货车匆匆碾过路缘，穿过草地，突然停在一根电线杆跟前，可能是要恢复供电，也可能是要关闭电源。距离火源稍远的地方，一架新的直升机逆风而来，试图在我们的街区上方盘旋。大风几乎以45英里/时的速度咆哮着。谁都不知道小镇何时会变成地狱。我们一边把"露营"之旅的装备装到车上，一边试图让我们的孩子保持冷静。令孩子们兴奋的是，我们带上了宠物兔。

洛斯阿拉莫斯国家实验室被当地人戏称为"大绝境"。该实验室紧靠杰米兹山，在通往小镇的四车道周围住了 1 万名实验室的员工，但道路的末端是小镇。在市内，一条主干道起端指向杰米兹山，随后偏离这座山，拐向我们的居住区。500 多英尺深的峡谷把小镇分隔开了，导致没有任何较短的捷径。走主干道就意味着要先朝大火的方向开几英里路，大火现在已经蔓延到小镇的那端。幸运的是，洛斯阿拉莫斯国家实验室那端还有一条疏散路线。这是一条沿着狭窄的峡谷向下穿过印第安人的土地的一条泥土路。这条路在平时是被封锁的，但在这样的紧急情况下它是开通的。我们这个居住区和其他几个居住区的所有街道上的车都汇聚到这条满是车辙的泥土路上。虽然这条路从未被使用过，但疏散工作进展顺利，一条数英里长的车队在弥漫的浓烟中蜿蜒穿过峡谷。

我们已经安排好要去白石镇的一位朋友家，那儿距此仅 8 英里远。到朋友家后，我们一直安抚孩子们，也尽量不去想那场大火。不幸的是，那天半夜白石镇也被疏散了。我们再次加入了数英里长的疏散车队，缓慢地在烟雾中前行，这次我们通过的是一片黑暗，只有地平线上不祥的光芒冲淡了这片黑暗。一小时后，在天亮之前我们到了朋友在里奥格兰德河谷的朋友家，在那里给孩子找了床睡，最终我们也有了休息处。主人的心肠非常好，他们自己睡在地板上。由于那时手机还没普及，所以我没办法联系我即将前往火星车测试现场的同事，而他们也没有办法联系我。最终我只能选择照顾我的家人，不会有火星车测试了。

第二天早上醒来，我们体会到一种流离失所的感觉。第一次撤离很艰难，第二次撤离看似无法理解。我们离开了家园，抛下几近全部的财产，听凭无常的命运处置。房子里挤满了陌生人，我们尽量靠边站。我们感到极度无助，我们就是不折不扣的难民。所有的地方电视台已中断正常节目安排，对火灾灾情进行直播。那一整天我们在电视上看到的都是新闻直升机拍摄的场景，但信息量严重不足。连续几个小时我们看到的电视画面都是燃烧的房屋，但是从空中我们很难看出画面上是洛斯阿拉莫斯国家实验室的哪个部分。在现场直播的记者似乎没有地图，而且也没有当地人能告诉记者实时位置。因此我们不可能知道被烧毁的是整个小镇，或者只是小镇的一部分。

终于，在第三天当局开设了一条电话线，告知居民被烧毁的房屋信息，我们得知自己的居住区仍未受损伤。虽然大火仍在许多地方肆虐并燃烧了许多房屋，但政府官员预计小镇余下的部分不会被破坏。最终，这场大火烧毁了230多处房屋，1.9公顷的森林。实验室只有几栋楼被烧毁或受损。新闻发布会当天，州长和其他官员作出报告，尽管大火造成了巨大的物质损失，但所幸未造成人员伤亡和重伤者。这是他们见过的最冷静的火灾疏散。这个小镇的确受到了一位守护天使的保护。

与此同时，在内达华州的火星车激光器测试已经被取消了。我们的技术人员蒙蒂早就到测试现场准备好设备。在他的监督下，激光枪射出了几道光束，但蒙蒂的家人也从洛斯阿拉莫斯撤离了，因此他离开了测试现场，并在科罗拉多州赶上了疏散中的家人。作为一种安慰，火星车测试现场的岩石被收集并送回我们的实验室接受我们的激光诱导击穿光谱技术的鉴定。

一个月后，我一家有机会在得克萨斯州的一家酒店与一位消防直升机飞行员偶遇。在吃早餐的时候，格温开始和邻桌那家人聊了起来。那家的丈夫就职于国民警卫队，他们正从新墨西哥搬到一个新的工作地点。当他们听说我们来自洛斯阿拉莫斯，那名男子露出了奇怪的目光。我们问他，难不成你去过？他答道，是的。在那场火灾发生时，他是救灾直升机中的飞行员之一。我记得在疏散那天，那架几乎潜过峡谷边缘的直升机，竭尽全力想拯救我们的小镇。我们向他表达了最深切的感激之情，感谢他的勇敢和救援。

第十章

上火星，回地球……一步之遥

在接下来的几年，我们的激光诱导击穿光谱仪工作进展缓慢。我们通过试用较好的组件取得进一步进展。我们的海报和演讲成了火星研讨会的固定环节。2001 年，我们被邀请去参观现场测试，但那时我们的仪器安装在远离主要区域的三脚架上，而且我们与火星车团队的互动非常有限。我们申请经费的几个新计划都遭拒了。

虽然我们的火星激光器前景看上去并没那么充满希望，但这时却出现了一个机会，这个机会差点让我参与一项火星探索中完全不同类型的任务——从火星携回的第一个样本。2002 年 2 月，我接到了来自亚利桑那州立大学青年教授劳里·莱辛打来的电话。莱辛和我结识于加州理工学院，那时我还在那里工作，而她是一名研究生，在我办公楼里做研究。莱辛在电话中说想和我谈谈火星的事情。

2001 年，美国国家航空航天局宣布要展开一轮新的火星任务竞争，他们正在寻找创新理念。这个项目将模仿发现号任务项目，起源号是发现项目的一部分。这与十年前有很大的相似性。正如发现项目开始之际也举办了一场"火星侦察兵"概念的选美比赛。比赛地点同样选了南加州。许多人提出了自己最爱的火星探测想法。这些方法从荒谬到可行度极高的都有。和发现项目比赛一样，"火星侦察兵"概念比赛也会选出 10 支队伍的概念进行进一步研究。

我参加了"火星侦察兵"概念比赛，这次我们派出两支参赛队伍展示激光诱导击穿光谱仪参与的不同任务，但是两支队伍都落选了。我记得赛后我、劳里还有其他几个朋友在酒吧里碰了面。和我一样，劳里是在博士论文中研究火星大气固结在火星陨石里的极少数人之一。她对将火星样本带回地球有着强烈的兴趣。她以一种非常大胆的概念夺冠：发送一艘航天器快速飞越火星，飞行高度足够低，低到可以在火星频繁的全球性风暴中收集尘埃，并将尘埃样本带回地球。

集尘工作也可以由气凝胶完成，气凝胶是星尘号航天器用于收集彗星微粒的同样的烟状材料。气凝胶的密度极小，是一种非常坚固耐用的丝状、海绵状材料，人们可以清晰地看透一英寸厚的气凝胶，仿佛里面没有东西。星尘号航天器用气凝胶来减缓对彗星颗粒的撞击，力度很轻，轻到彗星颗粒不会碎裂。没有人知道这一想法对收集火星尘埃是否有用，但所有人都被这个想法深深吸引了。劳里的概念在比赛中获得了第一名，她的团队带着经费去研究是否能让她精彩但疯狂的想法行得通。

许多概念，尤其是像这么有趣的概念，最终对美国国家航空航天局来说，往往风险太大，不值得拿钱冒险。在接到劳里的电话之前，我对火星集尘概念的了解并不多。劳里团队一年期的可行性研究就快到头了。不可思议的是，劳里提出的概念听起来确实可行。主要问题——航天器是否能飞得足够低去收集足量的尘埃，尘埃收集器是否能够忍受进入火星大气层之际的高温——被证明是可解决的。将航天器制造成子弹的形状可以让它急降到离火星最高峰不到8英里的地方。如果气凝胶收集器能嵌入"子弹"一端的小型进气口内，那么这些收集器就能保持足以工作的凉爽温度。这是个令人振奋的消息。

但是劳里及其团队还有一个待解决的问题。他们还想收集火星大气样本。把火星大气样本带回地球将可以进行超精密的同位素比值测定。正如起源号带回的样本已经测定了太阳同位素比值，劳里的团队希望能测量火星大气中的同位素比值。如果他们成功了，他们的数据对揭示火星长期气候历史的细节将大有帮助。这将表明在过去数亿年到数千年的时间尺度内火山活动是否补给了一定数量的大气。火星大气样本也会告诉我们许多关于火星目前的动态，比如冰盖在最近数百年是否处于稳定状态或在缓慢融化。在可预见的未来，其他火星任务也不会揭示这些细节。然而，迄今为止，劳里的团队里没有人能当这一任务的领头人。但我简直不敢相信自己听到的话：劳里打电话想请我设计并领导火星大气样本采集。这将符合我在研究所时从事的大气气体固结在火星陨石的研究。

将火星样本带回地球不是个新想法。自阿波罗计划之后，人们就梦想着登月的下一步是登陆火星。即使载人任务没有前景，但科学家仍渴望用机器人航天器完成这一壮举。问题是，降落在火星表面，采集样本然后发射回地球的传统任务不仅复杂而且花费昂贵。科学家已对该问题进行多次研究，但每次都因为青睐其他成本较低的任务而推迟该研究。终于，在 20 世纪与 21 世纪之交，一个火星样本采集返回任务看起来真的要发生了。

美国国家航空航天局在 20 世纪 90 年代设立的太阳系探索局让火星任务成了焦点。地球几乎每隔两年就与火星"相会"，这让航天器在两个星球之间的往返成了易事。美国国家航空航天局宣布它将在一个精密建造的项目中把握每个地球与火星"相会"的机会将航天器发射到火星上。在丹尼尔·戈尔丁领导的"更快、更好、更低成本"的时代，美国国家航空航天局相信它能以比之前估计的低得多的成本开展火星样本采集返回任务。更低的成本加上国际伙伴的帮助，样本采集返回任务可能就在预算范围内。

传说中 1996 年在火星陨石发现的微体化石，从整体上说加强了对火星计划的重视，从具体上说使样本采集返回任务成了项目的主要目的。1996 年，在小型火星车火星探路者升空获得巨大成功之后，美国国家航空航天局已计划于 1998 年发射一个着陆器去探索火星的极地地区，并于 2001 年和 2003 年发射更大型的火星车。美国国家航空航天局将利用 2005 年的火星近日点测试一些样本采集返回硬件，然后在 2007 年开展对火星的主要考察。其中一辆火星车把所需的样本带到一个可以将样本发射脱离火星表面的位置。2007 年的任务将携带一架不到 8 英尺高的小型火箭上火星，这架火箭将把火星样本发射到轨道里。在轨道里样本会与一个法国火星采样返回器会合，该返回器将把宝贵的火星样本运回地球。

科学家在建造用于介入任务的硬件，倒数第二的火星样本采集返回任务的各个方面的计划和设计也都在着手进行中。需要新技术发展的方面需要最远射程的计划，比如被称为火星样品提升器的小型火箭，火星样品提升器会将火星土壤样本送上火星轨道。如何收集这些样本并将它们装进小型火箭？火星样品提升器怎样才能被发射到正确的轨道？地球返回飞行器和火星样品提升器怎样才能找到彼此并传输样本？设计涵盖了所有被展开和讨论的细节。所有的努力看似渐渐有了眉目。

不幸的是，这些计划在 1998 年秋骤然停止，原因是前两个独立火星探测任务的失败，其中一个是火星气候探测者号，另一个是火星极地着陆者号。美国国家航空航天局变得很不重视其开展项目的方式。它过分节俭每一分钱，试图用非常有限的预算完成太多的无人项目任务，该项目预算不到其航天飞机项目的十分之一。美国国家航空航天局过去犯了太多错误，很多任务都失败了。"更快、更好、更低成本"的时代结束了。美国国家航空航天局开始为每个任务投入更多的经费，增加大量硬件，并招募更多的管理人员来监督每一项目的各个方面。两台火星探险漫游者、勇气号和机遇号都是在这一期间构想出来的，同时发射两个火星车是以防有一个无法工作。但随着采取更保守的做法，火星样本回收项目的预计成本再次激增至天文数字，飙回到数十亿美元的预算范围。在不久的将来不会有样本采集返回任务。

正是在这样的背景下，美国国家航空航天局于2001年初宣布了火星侦察兵计划。由于有样本采集返回任务的近期取消作为背景，劳里提出的从火星携带尘埃样本回地球的想法毫无疑问吸引了审查小组。劳里处理公共关系真有一套。作为一位年轻的女科学家，她用无限的热情吸引了众人的目光。美国国家航空航天局的文化就是热衷于搞好公共关系，而劳里可以胜任这方面的工作。她提出的任务概念通过一个引人注目的缩写为人所知：SCIM，全称为 Sample Collection for Investigation of Mars（火星勘测样本采集），这个缩写用一个词"飞速掠过"（skim）完美地描述了该任务要在火星做的事。

在接到劳里电话之后几天里，我想到的全是关于怎样才能收集火星大气一事。我无法专注于手头的其他工作。如何确保我们获得足量的样本？航天器会不会飞得过高，大气会不会过于稀薄？火星地面的大气已经非常稀薄——低于地球地面大气的1%。传输速度会不会太快？子弹形减速伞发热表面的污染情况如何？据悉，减速伞表面的一些材料将被蒸发。我们不想收集这些污染物。此外，航天器以29马赫飞行，这和载人过程中的航天飞机一样快，我们怎样才能在那样的航天器里采集火星大气样本？

我立即想到的是找找看先前是否有人做过这些事情。我联系了两名我认识的宇航员。他们都给了我否定的答案，他俩从未听说过有人从航天飞机上搜集大气样本。这个飞行速度为29马赫的气体样本采集器听起来的确十分新颖。

和采集火星大气样本最沾边的且已经被做过的是从一架亚轨道小型探空火箭飞行器上采集高层大气样本。探空火箭上升约60英里，采集大气样本，用降落伞投送回地球。但这些亚轨道飞行器的速度只有火星勘测样本采集计划速度的六分之一，而且仅持续几分钟。由于持续时间如此短暂，所以这些实验可以使用比我们必须使用的还简单的设备。尽管如此，探空火箭采样仍是与采集火星大气样本最沾边的事情。

我们决定全体人员都在马克·瑟蒙斯的家乡圣地亚哥会面，马克是位资深的探空火箭大气采样专家，他早已加入火星勘测样本采集团队。马克是加州大学圣地亚哥分校的一位院长，他很熟悉美国国家航空航天局的月球岩石和陨石收集计划。在接到劳里电话后的三周内，我和我们最好的设计工程师踏上了前往圣地亚哥的道路。

我们在2002年早春某个周六上午到达了加州大学圣地亚哥分校。彼时整个校园几乎空无一人，除了几个激动不已的火星勘测样本采集团队成员，在开始讨论之前，他们用拥抱和温暖的握手迎接了我们的到来。我非常高兴地发现火星勘测样本采集团队队员中有很多是来自星尘号和起源号最优秀的成员。此外，空气动力学建造模型者已经加入我们的团队帮助理解集尘的许多方面。这些专家很快将用他们仔细的分析向我们展示大气采样在火星勘测样本采集中是完全可行的。虽然我们对大气采样的了解比起其他方面甚少，但我们正在努力弥补这方面的不足。

让我感到非常惊喜的是，各个细节逐一落实到位。我们发现设计用于其他目的的硬件组件可以用在我们的装置中。这些组件都是坚固耐用的、便宜的、大量生产的物品，为了用于我们的大气采样装置，它们需要一些最小的新开发或修改。这正是我们所需要的，因为我们显然已经没有时间从头开始研制并测试新设备。最后我们提出了一个自动防故障装置设计。该设计提供了多余的组件，以防有一个或两个组件故障，而且它能收集到比我们所需要的还多的大气——这是一个工程师的梦想。

我们的计划要求气体入口恰好就在子弹形减速伞突出部分——这是唯一一个可以完全避开来自烧蚀材料污染的地方。此处也正好是最高气压处，可以让我们最大限度地采集到大气样本。被我们称为尖头的气体入口周围的材料将在最高的温度下用现有的最不活泼的金属制成，这样一来它就不会被高温气体融化或者与之发生反应。但这之前已经在火箭发动机喷嘴的研制过程中研究过了。于是我联系了一家距离喷气推进实验室不远的公司，这家公司几年前曾用全新的高性能喷嘴进行研究。他们对我们的应用很感兴趣，迅速给予我们所需的建议，还提供给我们最终展现给评审小组的示范样本。

从气体入口，我们的设计要求安装两个管道以将气体向下输往两个气体收集罐。我们将提供多余的双管道和收集罐。其中一端非常简单，一旦完成大气采样，有个气阀就会关闭收集罐。在另一端，我们计划安装一个较为别致的装置，用一个微型的超低温冰箱冻结大量气体，使气体浓缩 10 倍。这也可以最大限度地增加带回地球的样本，美国国家航空航天局总是对这样的行为感兴趣。这些阀门必须具有高电导率，允许快速流动，它们不同于实验室的阀门，实验室的阀门要等几分钟才能使少量气体保持平衡。在此我们将再次回到发展成熟的火箭发动机行业，并使用推进式阀门。我们联系的某家公司特别与我们分享了他们的阀泄漏率数据，表明他们生产的阀门的适用性，不过如果有必要，我们仍可以修改阀座。

我们已经从零走到一个绝对不需再改进的可行设计。最后，评审发现我们的设计几乎不存在问题。2002 年 7 月，我们提交了火星勘测样本采集计划，一起提交的还有其他人 20 多份充满希望的计划。和发现任务一样，在筛选出幸运的获胜者之前，美国国家航空航天局将挑选出几份火星侦察兵计划以供最终研究。现在，漫长的等待时期开始了。我们希望大约在这年年底能知道结果。

*

果然，当十二月到来时，我们接到了一直在等待的电话：火星勘测样本采集计划入围了前三甲。我们都感到非常高兴。更值得高兴的是，当我们得到美国国家航空航天局高级官员的鼓励时，这感觉就像火星勘测样本采集计划是最有可能夺冠的竞争者。这个任务可能会创造航天器首次登上火星并返回地球的历史。火星勘测样本采集项目的所有成员都不顾一切全身心地投入到工作中。我们必须从一个粗略的设计走向高度精确的计划。我领导的大气采样部分的细节惊人地契合在一起。这一任务带给人们的激动使它容易招募到人员，恰好拥有这方面才能的专家们突然从隐匿中跳出来。短短几星期，我们有了计算机建模者、气流实验者、设计工程师以及放下其他工作跳到火星取样返回项目中的技术人员。我们往早期的设计和计算加入了更多的详图，构建模型并对其进行测试。进行成本再次计算时这个项目遇到了些许常见的挫折，像太空项目这样大型的任务，成本看似必然激增。幸运的是，火星勘测样本采集的预估成本没有超过规定的数额。

　　然而，在我们的可行性研究过程中，太空项目的另一部分发生了一件事，这件事对火星勘测样本采集的影响比我们所了解的更大。由于周五熬夜工作，所以我在 2003 年 2 月 1 日周六上午才上床睡觉。正当我朦朦胧胧即将醒来，10 岁的儿子卡森跑上楼到我房间告诉我："爸爸，爸爸，电视上说航天飞机爆炸了！"我瞬间清醒了，赶紧跑下楼。电视网已经中断常规节目来报道这一可怕的灾难。哥伦比亚号航天飞机在从轨道返回的途中，在几乎直接飞过洛斯阿拉莫斯后已经和雷达与无线电失联。有报道称飞机降落时爆炸解体的残骸落在得克萨斯州东部和路易斯安那州界线附近。接下来的数小时和数天，新闻都在披露猜测发生的事情。在发射过程中引起的机翼前缘附近的凹口已经无法承受再入的灼热。航天飞机的机翼故障导致了飞机解体和七名宇航员遇难。

　　此前，唯一的航天飞机灾难发生在 17 年前，挑战者号在升空后 73 秒就爆炸了。那时，我还是个年轻的研究生，我从电视上看到了那场灾难性的发射，当里根总统和其他政要来参加追悼会时我正好在休斯敦约翰逊航天中心。

　　火星勘测样本采集团队的成员都知道哥伦比亚号航天飞机的飞行速度以及承受的压力范围与子弹形减速伞在火星大气中遇到的大致相同。因此，我们尽所能做到最好以确保我们的任务不会遭受哥伦比亚号航天飞机的命运。我们重新研究了大气飞行作业的各个方面，但没发现可能会导致航天器失事的问题。因此，我们继续我们的计划。

　　我们向审查小组展示计划的这一天终于到了。我们发现自己回到了詹姆斯·马丁用拳头捶桌子的同一个展示厅，也是在这里我们的起源号项目再次获胜。当展示厅这一楼层的电梯门打开时，审查小组的人员一出来就看到了令人印象深刻的大量硬件和火星大气采样任务各个部分的工作模型：集尘装置和返回舱的同尺寸模型、气体收集系统的原型、与实物一样大小的进气口塑料模型以及被我们选中来制造进气口的公司制造的高温金属部件。

　　我们的火星勘测样本采集展示非常顺利。我们认为这一任务注定要发生。在祝贺性的拥抱和握手后，我们回家热切地等待官方的决定。

　　在期待公布结果的时候，美国国家航空航天局让所有人认为这是一件美好的事。2003 年 8 月 1 日（星期五），他们举行了一次会议向美国国家航空航天局太阳系探索的负责人介绍项目基本情况，计划在会议后公布比赛结果。那年夏天，因为火星探险漫游者数周前刚成功发射，所以火星早就吸引了公众的注意力，占有了红色星球特有的近距离优势。美国国家公共广播电台在星期五的早间新闻对即将到来的火星任务筛选进行了长篇报道，采访了各个队伍的负责人，其中包括和往常一样夺人眼球的劳里。接着，在数小时的沉默之后，大家都接到火星项目办公室发来的一封邮件，邮件上说星期五当天不会公布筛选结果。对此他们没有做出任何解释。不管发生了什么事，看起来不像是好事。

那个周末我们都试图去想些其他的事情来转移注意力。我们尽量怀揣希望。周一上午，美国国家航空航天局终于公布结果了。

这对我们来说是个不好的结果，美国国家航空航天局选择了凤凰号（Phoenix）火星车项目，这是 1998 年在火星北极圈探冰失败的再次飞行。后来我们才发现美国国家航空航天局总部做最终任务选择的一个短会变成了一个数小时的马拉松式长会。火星项目的负责人坚决要选他认为对科学最有好处的任务——火星勘测样本采集。但美国国家航空航天局太空探索的负责人无法放弃执行大部分空间硬件已经造好的风险较低的任务。哥伦比亚号航天飞机的遇难已经让美国国家航空航天局所有负责人心生恐惧。火星项目的各负责人已采取任何可能的方式使火星勘测样本采集任务保持存活，但是没有赢得比赛，该任务就无法继续存活。哥伦比亚号航天飞机失事降低了我们获胜的机会。

火星勘测样本采集团队全体成员的生活都出现了明确的转折。没有火星样本采集返回任务了。我们所做的一切都将被漠然置之，甚至更糟，全部会被扔掉。对火星勘测样本采集团队来说那真是阴郁的一天。

那天夜里我奇怪地惊醒了。时钟显示是凌晨 4 时。是什么扰乱了我的睡眠？那时天气很暖，我们开着窗户睡觉，让山间凉爽的空气吹进来。附近鸡棚的公鸡正在打鸣——超乎寻常的早。万物阒静。我注意到即使月亮已经下沉，但是外面仍有一道奇怪的光。我起床，透过卧室的窗口眺望天上的星星，但是我看不到光源。我绕着屋子走了一圈，走到南面的窗户，在那里我可以看到黄道——太阳系的赤道面。我的双眼被几乎在头顶正上方的一个闪耀的光球吸引了。

那个光球是火星，它很亮，亮到足以给地球蒙上一层淡淡的蓝绿色阴影。它几乎就像是一颗超级星球，只不过能让肉眼看到一道更亮的光，它既不闪烁也不颤动。我想起了多年前的火星冲日，那时哥哥和我在我们住的明尼苏达州小镇周围把自制的望远镜安装在栅栏柱上，第一次熟悉火星。我想到了我们兄弟俩如何勾画火星的地貌。现在火星离地球更近了，是 6 万年来离地球最近的一次，它反射出惊人的光芒。我盯着它看了很久。多么讽刺啊！火星离地球这么近，却又好像离我那么远。

第十一章

携手法国

之前，我们一边忙火星勘测样本采集任务，另一边忙起源号项目发射让激光计划保有希望，同时做这两件事感觉整个人都快垮了。现在，我们可以把注意力重新放回到火星车和激光诱导击穿光谱仪上。事实证明，一位来自大西洋彼岸的朋友将在我们的最终成功中发挥很大的作用。

在错过火星车的沙漠测试不久之后，我向西尔维斯特·莫里斯提到了我们的激光诱导击穿光谱仪项目，西尔维斯特是曾在洛斯阿拉莫斯国家实验室工作过一段时间的法国同事。那时的想法是要看我们是否能够建立一支国际团队来研制激光仪器。

美国国家航空航天局与国外航天机构有段耐人寻味的关系。太空中的合作往往被视为用于发展更紧密的政治关系和战略关系的一种手段。1975 年，在首次这样的实验合作中，美国邀请苏联宇航员在太空中共同执行阿波罗-联盟号对接。两国自 1971 年起就开始计划这项任务，在某种意义上，这标志着美苏两个超级大国太空竞赛的结束。这是一个政治上的突破，因为这意味着两国共享对接系统、空间动作和环境状况的信息，比如宇航员生存所需的机舱压力和空气组成。

在平衡关系状态的另一端，美国政府不想向其他国家提供可用于军事用途的空间技术。阿波罗-联盟号项目的一个关键点是苏联人已经知道如何将人类送入太空。美苏都已经用轨道空间站进行试验，并充分了解对接动作。但同空间技术落后的一些国家合作又是另一回事。比如，美国政府曾指控波音公司和休斯公司向中国提供了一项技术，因为此前，1996 年携带一个美国商用卫星的长征火箭发生颇为壮观的发射台故障。问题在于向其他国家提供空间技术可能导致对方研制出相同的洲际弹道导弹，这种导弹在核战争中确实会摧毁美国的城市。的确，在这段时期之后，中国的太空计划立即有了巨大进展，成了唯一一个将人类送入太空的发展中国家。

不过，美国国家航空航天局不顾政治风险，继续寻求与其他国家在人类太空计划和机器人太空计划两方面的合作。美国国家航空航天局此举除了出于国际友好关系的考虑，另一个原因是：成本。如果其他国家能提供空间硬件，那么美国国家航空航天局就能省下一笔花费。不仅如此，而且其他合作伙伴趋于稳定，反对取消计划。

就在20世纪与21世纪之交之后，看起来美国国家航空航天局更倾向于与其他国家进行更多的合作，而成本对我们正在研制的这类仪器来说真是个问题。因此我对西尔维斯特提起了这件事。

20世纪90年代末，西尔维斯特是洛斯阿拉莫斯国家实验室的博士后。他一直怀着求知欲，这有利于推动他的科学生涯，而且他有敏锐的政治洞察力。西尔维斯特总共在美国待了大约半年，因此在某种意义上他被美国化了，至少他知道美国人如何处事。他只比我小几岁，虽然我们来自不同的国家，但我们似乎有许多共同的性格特征。他在家中排行老二，而且他来自法国北部一个小地方，比我的家乡还小，那个地方就在第一次世界大战堑壕旁边。他一路从那个小村庄走到他自己真正的科学世界里，他是法国潜在的顶尖行星科学家之一。

当同事们分享各自故事的时候，大家肯定会要求听西尔维斯特讲述他的跳伞实验。显然，当跳伞事件发生的时候，他离开农场的时间还不长，因为这次实验的目的是看一只鸡的飞行性能是否好到足以从飞机上飞下来。所以西尔维斯特抓着一只鸡跳下飞机，他在降落途中就把鸡放开了。但他并没指望鸡在感知到自己被松开后本能地立即将翅膀全部张开，那只可怜的鸡羽毛都吓没了，死了！

在到洛斯阿拉莫斯国家实验室任职前不久西尔维斯特结婚了。他的妻子阿梅勒从没在巴黎之外的地方住过，但她已经准备好接受一些变化。他把她带到印度度蜜月，印度对西尔维斯特来说是迷人之地。然后，他们来到了洛斯阿拉莫斯国家实验室。镇上只有一家超市和几家小商店，这对大多数科学家来说足够了。毕竟购物不是很多博士的主要消遣。从巴黎出发一路来到洛斯阿拉莫斯，西尔维斯特和阿梅勒停在福尔杂货店门前，他告诉她这是市中心。阿梅勒简直不敢相信世界著名的洛斯阿拉莫斯社区竟然可以缺少这么多陪伴她长大的基本商店：哪里有面包店？肉类市场？服装店？几乎每个巴黎街区都至少有上述一家店。对洛斯阿拉莫斯这样一个知名城市来说，没有这些商店真难以置信！这里的气氛太凄凉了，没有真实感。于是，第二天，当西尔维斯特在实验室结识新同事的时候，阿梅勒开着车探索这座城市的每个角落，试图找到洛斯阿拉莫斯真正的大都市。不幸的是，这里什么都没有，只有山脉、书、峡谷和仙人掌。她带着一种可怕的巴黎人恐慌回家了。但作为一个坚强的女人，她下定决心随遇而安，后来，他们在洛斯阿拉莫斯的日子成了一段非常难忘的时光。

熟悉西尔维斯特及其家人有段时间了，于是我决定问他是否有兴趣和我们合作，一起从事激光仪器工作。事实证明，与西尔维斯特合作是整个项目中最重要的决定。西尔维斯特组织了一支法国科学家队伍，这些科学家都做过激光诱导击穿光谱仪研究，还就此写了一份计划给他们的航天研究中心。这个计划博得了所有人的赞同，令大家很激动。法国团队以每年100万美元的经费开始工作，那时我们的经费刚好即将告罄。法国那边决定重点研制激光器，同时把其他方面，比如检测设备，留给我们。尽管双方得到的支持存在巨大失衡，但西尔维斯特是个忠实的朋友，他鼓励我们继续向美国国家航空航天局寻求经费支持。

虽然美方起点低，但美法两支团队仍一瘸一拐向前走，我们向美国国家航空航天局提交了一些新的计划。我们的老技术员蒙蒂退休了，但我们还是挺过了路上的一些颠簸。

在此期间，起源号已经升空并在太空中运行，而火星勘测样本采集任务却没有下文。当火星勘测样本采集任务竞选失败之后，留下最令人感兴趣的可能性是一个令人激动的新火星车任务，该任务名为火星科学实验室。火星科学实验室是两辆火星探测漫游者更大更强的继承者。

为了火星车，美国国家航空航天局打算遵循一条渐进发展的路径。1997年登陆火星的索杰纳号是一台微型技术展示火星车。索杰纳号重量不到25磅，没有机械臂也没有桅杆。它能拍摄出画质一般的照片，而且它体内有个德国传感器，在攀爬岩石时这个传感器可以提供岩石成分的信息。火星探测漫游者勇气号和机遇号在计划阶段是作为火星科学实验室被发射的，两台火星车的体积和能力都属于中等水平。勇气号和机遇号各重约400磅，都配有一只机械臂和一个桅杆，能清晰成像，而且能够用机械臂上的刷子和磨损工具触摸样本表面。该任务计划的探测时间是 90 天，计划从着陆点开始在火星表面行走几百码（1 码约 0.91 米，后同）。两辆火星车都是太阳能供电，预计随着时间的推移电池板将覆满灰尘，最终耗尽火星车运行需要的电能并限制他们的工作寿命。

在此期间，科学家已从轨道了解到火星这颗红色星球的大量信息。火星奥德赛号轨道飞行器使用了洛斯阿拉莫斯国家实验室、亚利桑那州和俄罗斯制造的传感器，这些传感器曾发现火星较高维度地表下面有巨大冰库，还发现火星赤道地区的黏土矿物可能仍含有丰富的水资源。此外，传感器还检测到火星某些时候某些地方的相对湿度实际上相当高。比起之前几年，我们邻近的火星看似更加诱人且更可能适宜人居。

早在火星探测漫游者发射之前，火星科学家们就渴望拥有比这两辆火星车更大的工具包。他们设想了一个移动实验室，可以在火星表面周围移动并进行与地面实验室更接近的科学实验。和科学家在真正的实验室里一样，火星车的机械臂可以把火星样本送进仪器。他们也意识到由于火星表面对生命来说非常荒凉，所以探测岩石内部对研究有机材料可能存在的位置可能非常重要。因此研磨钻被认为是新火星车的必备物品。研磨钻获取的岩石内部粉末样品可以倒进火星车甲板上的进气口并进行有机材料分析。此外，还可以研究同位素，这对了解火星上的生命迹象和气候历史来说至关重要。因为这些测定很难在开放的空间中执行，因此需要一个内部的火星车实验室。科学家确认了许多其他可以在移动实验室里进行的潜在测量项目。

测量的关键是尽可能要有足够大的容纳空间。每台火星探测漫游者只能携带 11 磅的有效载荷，这根本不够装载足够多的仪器。相比之下，科学家梦想能有一辆火星车可以用一辆小型轿车大小的运载器携带超过 100 磅的实验室仪器。我们几乎不敢希望自己能参与其中，但我们参与了。

早在火星科学实验室的规划中，有个委员会已开会讨论了这一任务的目的以及可能入选的仪器。我们的激光仪已成为委员会心目中的有效载荷，这让我们非常兴奋。因为每个实验都要通过激烈的竞争筛选，所以这压根不代表我们能够执行该任务，但是它让我们有了吹嘘的本钱。可惜的是，一年后那个委员会没有了下文，一个新的委员会制定了新的稻草人有效载荷。不过，由于一辆更大更有能力的火星车各方面都非常吸引人，所以这显然是一个令人向往的任务。

就火星科学实验室有效载荷的选择，新委员会鼓励各团队以团队或仪器组而不是以个人为单位提交计划书。我们非常幸运地接到了一组经验丰富的火星科学家和仪器专家的来电，他们计划研制我们的激光诱导击穿光谱仪和其他几个仪器，将它们用于火星探测漫游者。在这里，我们看到了一条躲开典型的第22条军规的出路，第22条军规阻止了许多新概念的实现：因为新仪器之前没上过太空，风险太大，所以不能入选上太空。解决这个问题的方法是成为含有靠得住的仪器成套设备的一部分，正如这个小组邀请我们去做的那样。这看似正是我们取得成功的必要条件。

与此同时，在2003年10月2日，我们终于收到了一直在等待的一个通知。美国国家航空航天局打算再次资助我们的激光诱导击穿光谱仪原型工作。此时距离我们的第一个火星仪器研制拨款失效已接近两年，我们的研制危在旦夕。现在，在计划到期之前，我们将有经费真正去完成一些急需的工作。

我们新的计划小组希望能在12月举行一次战略会议，会议地点将选在洛斯阿拉莫斯。我们邀请了预定此次行程的法国同事。事情开始有了进展。

接着又出现了一个意外的打击。科学家小组突然认定激光诱导击穿光谱仪风险太大，不适合包含在他们的计划中。他们的领导人打电话通知我们要把我们踢出经验丰富的队伍。我们的优势消失了，我们再次成了孤军奋战的队伍，我们的仪器是没有飞行经验的菜鸟级仪器。假若我们想提交计划，我们必须靠自己单干。我们是不是应该直接采取行动？明知道我们可能不会获胜，但我们再次获得了火星仪器研制项目的经费赞助，而且参与者也都希望仪器能登上火星。于是，就这么敲定了——我们必须提交计划。我们必须采取行动，我们会全力以赴！

我们已经在计划12月的那场会议，期待经验丰富的科学家团队的领导人指导我们为计划做出必要的准备。但由于那个团队在会议开始之前两周才踢开我们，所以我们快速地凑出我们自己的工作计划。法国团队的负责人西尔维斯特带来了他顶尖的机械和光学设计者，然后我们讨论了应该由哪边的团队来负责这个问题。法国团队明显比我们拥有更多望远镜光学部件方面的专业知识，且他们已经参与了原型激光器的工作，所以他们分配到了望远镜和激光任务。美国团队致力于设计一个性能良好的光谱仪以收集并检测光，同时展示整个仪器的预期性能。我们关于新光谱仪设计的想法在理论上行不通。我们陷入了窘境。我们心血来潮转向一个我们曾在实验室用过的袖珍商业仪器，并决定看看我们是否能够使它变得坚固耐用足以飞行。美国国家航空航天局可能会嘲笑这个仪器，但目前我们只能做到这样了。

我们说服了商业光谱仪公司"海洋光学"送给我们一个免费的零件用于"震动和烘烤"的测试——施以它发射时预期受到的震动水平以及它将在太空中和火星上感受到的温度范围。震动测试结果没问题，但烘烤试验结果很糟糕。在火星车仪器试验中使用"烘烤"是不恰当的，因为真正的挑战来源于寒冷的气温。我们发现即使是地球上的北极测量也没有制作光谱仪。我们用没有膨胀且经高温压缩的材料很快地制作了一个模型，在几次试验过后，我们终于有了一个性能极佳的模型。就在计划提交截止日之前一周我们得到了满意的测试结果。

每个计划实验除了要有一支技术团队，还需要一支科学团队来破译从火星上获得的结果。几乎所有一流的火星科学家都已经参与了其他小组的计划。我们显然准备得晚了。我打了几通电话确定还有哪些科学家尚未被签走，于是我们签了来自阿尔伯克基（Albuquerque）新墨西哥大学的霍顿·纽森，来自美国地质勘探局的肯·哈肯霍夫，来自喷气推进实验室的内森，以及来自美国国家航空航天局艾姆斯研究中心一位众所周知的外空生物学家克里斯托弗·麦凯。西尔维斯特也开始和他在法国的同事签合同。三月份，我们当中有些人将参加休斯敦的一场科学会议，所以我们计划在那里聚会。就在我们的仪器会议开始前几分钟，本·克拉克主动走向我并问我他是否可以参与我们的项目。他是一位老将，其功绩可以追溯到20世纪70年代的海盗号着陆器。我带他走向会议室。会议时间一到，我们吃惊地发现满屋都是对使用激光诱导击穿光谱技术进行火星探测感到很激动的人。

双胞胎火星探测漫游者从火星传回来的第一份结果让2004年的休斯敦科学会议格外令人激动。然而，会议上报告的火星车结果缺失了一大块。火星探测漫游者团队用红外光谱仪从远距离难以确定火星岩石的成分。初步结果表明，红外光谱仪被每一单块火星岩石上的灰尘搞糊涂了。而我们的仪器用几道激光就可以容易地除去灰尘。我们决定在计划中强调这一优势。

现在我们的法国同事要请我们参加巴黎的一场会议继续进行技术讨论。戴维和我拉上我们的两位工程师加入到拜访激光制造商和其他潜在合作伙伴的旋风式旅行。由于会议是在远离铁道线的巴黎郊区召开，所以我们不得不使用租车服务。我们很高兴地发现租来的车有导航系统。这是我第一次接触这些新设备，但我们只有一个问题：即使细读了数小时的操作指南，我们也无法切换语言。我们租来的车恰好是德国产的，所以导航系统显然是使用德语。当我们开车经过法国乡村时，温柔的德国女声指示我们向右转、向左转或者直行。我坐在前座翻译德语，而我们略懂法语的机械工程师罗布·惠特克开车并解释法语路标。这是一段短暂但难忘的路程。

在法国我们解决了另一个问题：仪器名称。多年来我们一直在讨论一些傻气的缩略词，却没有提出真正可行的名称。由于已经决定增加一个图像显示器为我们的化学测试提供可视化环境，于是团队中有位成员建议我们取化学和相机的结合体，称之为"ChemCam"是"Chemistry and Camera Instruments"（化学与摄像机仪器）的缩写。火星探测漫游者有一套被称为"Pan-cam"（全景相机）的图像显示器。我们认为"ChemCam"听起来会有点亲近感，而且可能会让审查我们计划的人觉得有新意。仪器名称就这么定了。

法国团队正在测试原型激光器和望远镜，而我们这边的光谱仪通过了测试，而且在我们的激光实验室戴维得出了重要的分析结果，用激光器击穿岩石打出令人印象深刻的洞。我们团队所有的计划都汇集在一起了。由于洛斯阿拉莫斯和法国之间8小时的时差，所以我们这支国际团队可以24小时工作。

最后一个校对的日子终于到了，过了，我们将化学与摄像机仪器的计划书打印出来，这下可以松一口气了。我们已经全力以赴，并为自己所做的一切努力感到骄傲。但我们清楚与有飞行经验的仪器竞争，胜出的概率微乎其微。最终，美国国家航空航天局收到了近50份计划。只有少数计划能入选飞往火星。

第十二章

飞往火星的单程票

历经长时间的计划撰写，我的办公室已是一片混乱，我准备收拾一下，然后把注意力转移到其他事情上面；但随后传来了一个令人震惊的消息。2004 年 7 月 15 日，火星科学实验室计划送达华盛顿的当天，我们的激光实验室发生了一场事故。在实验室工作的一个暑期实习生在没戴护目镜的情况下不小心瞥了一眼激光束，结果导致永久性的眼部损伤。

过去数月在从事激光器的工作中，实验室大楼的另一部分已经发生了一系列涉及机密信息的安全事故，于是此次激光事故成了另一事件的导火线。该实验室的主任宣布暂停大楼里的所有工作，直到完成调查和再次培训。停工宣布影响了所有 10000 名实验室工作人员。所有人都去汇报工作了，但我们只能收拾办公室并重读安全培训材料。停工发生在周五——这是我数月以来的第一个休息日。我明白如果这一系列事件早几天发生，那么我们就无法提交计划。

化学与摄像机仪器上火星的前景看起来突然很暗淡。我们的激光实验室最后会被永远关闭吗？也许我们的管理人将决定不支持我们的计划。我联系我的管理人，询问他我们能做些什么消除美国国家航空航天局的疑虑，让他们相信我们仍然可以开展工作。他建议我应该撤回计划，因为这样的工作太危险了！在历经这些安全事故后，人们普遍存在这样的心态。但我没有采纳他的建议，我问了实验室里的其他人。最终，我们在官网上发布了一封信，解释此次事故不会危及我们的计划。然后我们坐等通知。

我试着不去想近 50 份计划之间的所有竞争：首先，那里有一支拉拢过我们的经验丰富的团队。他们可能计划了先进的相机以及其他和火星探测漫游者上相似的热发射光谱仪。这些光谱仪在 5 ~ 30 微米的波长范围内观察火星表面，获得照度、矿物和热性能的信息。单这支队伍就能在审查中彻底击败我们，也许他们还加了新事物呢。如果审查小组更喜欢波长较短的红外传感器，那么他们会选择黛安娜·布兰妮的将由喷气推进实验室制造的光谱仪。或者，如果美国国家航空航天局缺少经费，那么他们可以挑选完全由一支法国团队计划的红外光谱仪。如此一来，仪器建造花的是欧元，不会花美国国家航空航天局一分钱。这些红外线设备可以识别不同的矿物质，其工作原理是根据晶体结构不同震动产生的独特吸收和发射——如果岩石没被灰尘覆盖，这就是化学与摄像机仪器的王牌。

还有其他方法可以观察这些矿物相。拉曼光谱是基于红外线和热光谱仪检测到的同样微小的晶体振动的光谱，20 世纪 20 年代在印度发现，但现在是用激光而不是用日光和周围温度来刺激晶体 *。光束刺激岩石上的晶体，引起一些激光回波受晶体震动能量影响，导致光波波长或延长或缩短。已经有拉曼光谱仪入选于火星探测漫游者的机械臂，但这个仪器在开始制造之前竟被取消了。拉曼光谱仪获胜者，圣路易斯华盛顿大学的王阿莲博士仍是火星探测漫游者团队的一员，她坚定不移地想让自己的仪器在下一次飞行任务中能飞上火星。王阿莲有很多从事于火星探测漫游者的经验，并与喷气推进实验室有合作，她有一个强大的盟友——美国国家航空航天局。

我们还有一个强大的对手，他是我们另一个项目的合作者，即来自夏威夷大学的希夫·夏尔马。希夫是世界一流的拉曼光谱仪专家之一，他已经巧妙地展示这种技术就像激光诱导击穿光谱技术一样可以远距离工作。事实上，我们正与他和他的助手在研制一种能够同时施展拉曼光谱技术和激光诱导击穿光谱技术的组合仪器，但这远远无法在此次计划提交日期截止之前完成。这轮竞赛双方都各自参赛。我们希望在以后的任务中能与他们合作，但现在我们不想输给他们。除了希夫这位夏威夷人的计划，传言说此次比赛至少还有另一个拉曼光谱仪计划。

上述都是我们所了解的一些竞争对手，但很明显这只是冰山一角。此次任务的主要推力实际上是将设置在火星车内的"移动实验室"。移动实验室内的仪器可能包括各种质谱仪器、X 射线衍射仪、中子和 γ 射线谱仪以及科学家能想到的任何仪器。除了美国的参赛团队，还有德

---

* 原先使用不同的光源，直到 20 世纪 60 年代激光得到了发展，这种技术才被广泛使用。

国、俄国、西班牙、加拿大和法国参赛团队，可能还有更多来自其他国家的团队。

评选决定仪器和团队的最佳组合时，评审小组忙得不可开交。在选择获胜方案时要考虑到许多不同的方面。一支没有经验的团队的优良仪器将是科研资源的浪费。但如果成本太高，或者仪器又大又重，那么一支经验丰富且仪器性能好的优秀团队也会被拒绝。而且信用也是一个主要因素。评审小组会相信计划书里的书面报告吗？一个独立的成本估算团队有义务再次估算仪器成本，并对每个计划的成本信用做出评估。同样，技术评审小组会审查关于仪器性能的书面陈述。一切将从具体细节接受深入审查，毫无回旋余地。

在洛斯阿拉莫斯国家实验室，我们的激光实验室仍被关着。事故的调查已经完成了两三个月，我们开始清理设备。由于激光实验室不属于我所在的空间仪器部门，因此当清理工作开始时我并没有接到通知。但激光实验室仍然与美国国家航空航天局签约进行激光研究，最终我们清楚地知道实验室希望开展这项工作。然而，实验室管理层并不急着重新授权激光应用。

10 月份，美国国家航空航天局要求我提交计划书中缺失的一小部分。另外，法国航天局评估了他们当时参与的六项计划，出人意料的是，我们小组的计划最受好评。我们试图用法国航天局的赞赏引起美国国家航空航天局的重视，但最后我们知道这对美国国家航空航天局的决定几乎没有影响。

当筛选结果公布时间推迟了一个多月时，我终于电话联系了喷气推进实验室的有效载荷负责人，礼貌地询问对方发生了什么事情。他向我解释了公布推迟的原因，并向我保证很快能从他那里获悉结果。"很快能从他那里获悉结果？"我不确定是否要把这句话当作是一个好的迹象还是不好的迹象。因为结果通常是华盛顿那边公布的，所以我不认为这次会由他来公布结果。处于礼貌我克制自己不要询问他可能知道的消息。但他好像真的知道些消息，而且他看似在鼓励我。难道这意味着什么？

最终，在 12 月一个异常寒冷的早晨，我走进办公室听到了一条来自美国国家航空航天局火星项目负责人的语音信息，他让我回电。就在我回电之前，我的电子邮箱突然出现了一封宣布火星科学实验室火星车仪器筛选结果已出的新闻稿。当我开始看这封邮件的时候，电话再次响起，电话那头祝贺我计划已入选了！不久，参议员办公室也来电话了。我很快打电话给人在法国的西尔维斯特，但他对此表示怀疑。一直到圣诞节前几天，我的生活满是通知、团队成员的来信以及记者的采访。

我们要上火星了！尽管我们的现场测试被火灾烧没了，尽管资深的仪器团队踢开我们，尽管我们的激光实验室被关闭了，尽管有人让我们撤回计划，但是我们克服了这一切困难。我们有了一张飞往火星的票！

当最初的兴奋稍微退去之后，我粗略地看了看其他入选的仪器。入选的团队都拥有新技术——将有很多新颖精巧的装置被送上火星。被称为火星样品分析仪的主要移动实验室仪器将配有一台烤箱和一台微型气相色谱仪。这两样仪器已经在实验室里用了 50 多年，用于分离大的有机分子，但它们都不曾飞上太空。此外，火星样品分析仪还将配有一台可调谐的激光光谱仪，这是一种被设计用于确定气体同位素比的光谱仪。这是一种非常新的技术。即使是地面上使用的可调谐激光光谱仪也才刚被发明出来。火星车也将包含确定红色星球上的矿物质的 X 射线衍射仪。虽然实验室里经常用到 X 射线衍射，但它对空间仪器来说还只是一种新尝试。用于火星科学实验室的科学相机会配备变焦镜头，这也是一个新功能。此外还有一个辐射监视器、一个西班牙气象站以及一个新颖的俄罗斯中子实验仪器。以前任务中可以再次被考虑使用的仪器是一个火星手持透镜成像仪和阿尔法粒子 X 射线分光计，这两件仪器都能提高火星探测漫游者装载的仪器的视野。

这些精巧的装置将成为化学与摄像机仪器通往火星之旅的盟友和同船水手。同在一艘船，水手的技能应该是相辅相成的。对火星科学实验室来说，整体的选择看似相对平衡。我们有充当火星车哨兵的遥感器——桅杆相机和化学与摄像机仪器；有了解天气和辐射并寻找水源（利用中子）的环境探测器。移动实验室组合是个很好的选择。当火星车安装了机械臂，那么机械臂上的仪器（阿尔法粒子 X 射线分光计与火星手持透镜成像仪）将发挥作用。阿尔法粒子 X 射线分光计将很好地弥补化学与摄像机仪器的不足。它通过轰击 X 射线和 α 粒子样本完成工作，X 射线和 α 粒子各自的相互作用会在样本顶部几微米处产生具有元素特性的 X 射线，有个探测器能分析样本从而推断出目标物的元素丰度。因为已经被几个任务不断改进，而且被直接用于样本部署，所以阿尔法粒子 X 射线分光计的精准性比化学与摄像机仪器稍高。但是，由于化学与摄像机仪器不需要部署在机械臂上，也不需要与火星样本有近距离接触，所以比起阿尔法粒子 X 射线分光计，化学与摄像机仪器将能够进行更多的测定。

　　我也考虑了没入选的仪器。没入选的仪器有热光谱仪、红外光谱仪和拉曼光谱仪。确定样本成分的工作将由可远距离工作的化学与摄像机仪器以及阿尔法粒子 X 射线分光计和 X 射线衍射仪完成，后面两种仪器可以用机械臂接触到样本或者把样本送入火星车。

　　有效载荷的计划预算是 7500 万美元，经通货膨胀调整后，这只比火星探测漫游者的预算略高。但它所携带的仪器是火星探测漫游者的两倍，而且更为复杂，因此我们不知道这是怎么做到的。其他一些太空任务的有效载荷预算也是我们的三四倍。此次任务的仪器团队觉得有点被坑了。我们知道，如果要不超出预算，那么我们就必须非常努力。

第十三章

新仪器之战

在美国国家航空航天局，哪怕仪器和概念入选升空计划，也不意味着它们随时可以制造。入选只是通向最终成为飞行组件的漫长路程的起点。获胜的团队必须经历许多中期产品和最终设计阶段考核，以及两次重要的审核。通常是在制造并测试一个原型或者说是"工程模型"之后才切割飞行仪器的金属。而且一旦飞行组件制造好了，那么就要经历同样长的测试期，首先是单独作为仪器进行测试，然后在火星车上测试之后还要再次接受单独测试。

为什么要分别制造工程模型和飞行模型呢？因为从理论上说，工程模型经历了全方位的环境和性能测试。任何有问题的部件都要为飞行组件而重新设计。通常情况下，工程模型比飞行模型的处理更为粗略，工程模型经历的测验环境比飞行模型还要恶劣。工程模型不需要有美丽的外观。如果工程模型的第一次钻洞钻错位置，那么可以重新钻，新的部件可能会用绳子直接绑住——最后工程模型的飞行合适性往往不如预期。第二次尝试往往比第一次做得更好。在火星科学实验室任务中，工程模型要交付给喷气推进实验室安装在火星车原型上，这将使负责火星车-仪器对接的软件开发者开始工作。工程模型发射后也不必被浪费，只要有新的样本类型，工程模型就能继续进行测试。

每个飞行项目都要经历不同的阶段。在研制的初始阶段，仪器团队要经历与火星车团队相互熟悉的阶段。计划阶段只涉及少数人。筛选结束后，整支工程师团队被聚在一起。将一群工程师拉到一起的概念与在荒岛上站在一群完全陌生的人中间有相似之处。事情没必要有个顺利的开头，因为存在不同的个性和风格——非常多不同的做事风格。每个人都有许多要适应的事情，每个机构都有自己的文化，每个人都有不同的优先事项。所有团队成员都忙于自己的事情，不听他人的看法，也不听其他人对某部件和界面可能的要求。但最终生存和取得进展的需要会促使人们合作，这就要求互相倾听并共同解决各种问题。

这是我第二个重大的飞行项目。关于预期发生的事情我有一些想法，但化学与摄像机仪器团队比起我在起源号的那个团队规模更大，化学与摄像机仪器团队中有一半的成员来自大西洋彼岸不同的国家。火星车是一只全新的野兽，它有非常多的竞争点。以前从没出现过可以容纳十种不同仪器的火星车。在研制早期保持项目的正常进展将是个挑战。

我们团队在初始阶段遇到的最大挑战之一就是和火星车的对接。我们将化学与摄像机仪器设计成两部分。其中，投射激光束的望远镜必须将光束对准目标物以采集样本。火星车的桅杆能为我们做瞄准工作。因此，我们设计了装置在桅杆上的望远镜和激光器，就放在火星车上方。但这个设备太大了，桅杆支撑不了。我们不觉得那会是个问题。在实验室中，我们用光纤把光从望远镜传输到装置在其附近的光谱仪中。很多人都从光纤灯的使用中知道了光纤，光纤灯中的灯光是从藏在内部的灯泡发射到光纤的外端，形成了各种五颜六色的发光图案。工业中大量使用光纤，尤其是用于手机和互联网通信电缆。当然，这些光纤也可以用于光学仪器发光。因此，就化学与摄像机仪器而言，我们设想用光纤把光从桅杆上的望远镜带到火星车里面的光谱仪。这就是我们四年前在 K - 9 火星车上商用现成品或技术原型中所做的。喷气推进实验室负责火星车不同部分之间所有的电缆，包括我们的光纤电缆。起初我们认为这是一件好事，以为喷气推进实验室会负责光纤的所有研制；但后来才知道火星车工程师超量负荷了，他们要和十种仪器打交道，而且他们不明白光纤是怎么回事，也不清楚为什么我们要把光纤用于化学与摄像机仪器。

化学与摄像机仪器的桅杆和主体之间距离仅约 4 英尺。在我们的计划书中，借鉴从 K - 9 试验获得的经验，我们计划使用大约 6 英尺长的电缆覆盖这段距离，约超长 2 英尺。我们向工程师解释想让光纤尽可能短，因为有些光纤不发光。我们的计算表明我们的探测器并没有很多备用的信号。然而，在入选后数月，火星车设计者已经将我们的光谱仪放在火星车内离桅杆最远的位置。我们被告知要优先处理其他事情。

此外，光纤电缆和所有其他连接在桅杆的电缆必须按特定路线经过几个移动的接头，包括一个左右翻转桅杆的接头（方位角）和一个上下翻转桅杆的接头（仰角）。我们只是想把电缆挂在离接头尽可能远的地方，这样经过接头的时候就不会交缠。我们可以提供具有足够松弛度的桅杆，这样它就能任意移动。但对此我们尚未深思熟虑。所有的一切，哪怕是短短的几段电缆在发射过程中都必须牢牢固定。火星车的工程师想用一个螺旋盖解决这个问题。在旋转接头，电缆将松散地绕着圆柱体缠三圈。当桅杆朝一个方向旋转时，电缆会缠得更紧，当桅杆朝另一个方向旋转时，电缆会变得更松。遗憾的是，这些缠绕会大大加长电缆的长度，尤其火星车上有两个这样的部件——每个接头上有一个。如果我们采用这种方法，那么我们的光纤最终将长达 25 英尺以上，这是原始估计长度的好多倍！

我们尽力想出螺旋盖的替代品。让电缆沿桅杆柱中间移动呢？这方法行不通，因为桅杆柱的接头不是空的。幸运的是，随着项目的进展，我们能够为光谱仪争取到更优先的研制地位，把电缆总长度控制在 20 英尺内。我们能接受这样的长度。

在此期间，一场关于电缆构建的冲突正在酝酿之中。火星车设计团队希望电缆上有几个连接器。这样一来，在组装阶段他们就可以拆开火星车，方便在火星车里面连接电缆。我们从未用过光纤连接器。对于光纤中的光，为了让它能穿过一个连接，在一端的光纤必须准确地连排成一行并触摸另一端的光纤。一英尺内数十万光纤中任何细微的改变都会减少传光量。火星车工程师习惯用电力电缆，这种电缆只需通过接头碰触两片金属——物理定位在此并没起任何作用。他们想像处理电子电缆那样处理光纤，但我们知道这根本行不通。

不顾我们奋力的解释，火星车团队想在光纤上至少放四个连接器，但那时他们还没能让光谱仪离桅杆更近些。连接器问题的僵局让来自两个不同机构的人变得非常不文明地对待对方，因此我走了一趟喷气推进实验室，去了解他们的工程师为何如此坚持要使用连接器。当我到了那儿，有人给了我一份文件，详细地说明工程师的想法。因为有了连接器，来自望远镜十分之一到三分之一的光会被传到光谱仪。但我们在实验室中使用的光纤传送了大部分波长 98% 以上的光。我大感惊愕，他们竟然会提出这样的计划。火星车团队优先考虑的事情明显不同于我们的团队。正如我们被告知的那样，他们的工作是要支持我们的仪器，但这个计划肯定不能使化学与摄像机仪器的功能最大化。

在几次讨论后，我试了一种不同的策略。我提议我们干脆不要电缆了。当然，这一策略根本不奏效，但我想看看反应。火星车团队刚说失去 70%～90% 的信号是可以接受的——这比我们宝贵的光多了一半多。如果我们完全不用光纤电缆，那么我们将失去全部的光——根本没有可传送的光。但比起失去 90% 的光，我们宁愿再多失去 10% 的光！有些人露出很滑稽的表情。随着讨论的进行，一些工程师开始对他们的提议感到很不好意思，但另一些工程师看起来根本就无所谓。我离开了讨论会，无果。

首先，工程师必须相信我们的仪器真的需要这些光子。通常情况下，设计过程中的第一步是确定要求。该仪器需要多少信号才能施展它的科学功能？一旦确定了这个要求，就能确定不同部分的要求：望远镜在仪器前部能接收到多少信号？在把信号发送到光纤的过程中，望远镜至少需要多少信号？在把光传送到光谱仪的过程中，光纤至少需要多少光？光谱仪必须达到多大的效率？在把信号转换成数字计算的检测器和电子电路中，信号完整性的要求是什么？我们必须解决所有这些要求，我们没有多余的五倍信号——我们的光纤不能那么低效。我们该如何让工程师明白这点？

正当我对解决这个问题感到绝望之际，我们得到了一点安慰。化学与摄像机仪器将接受计划性能的审核。在会议上，我们留给观众很好的印象。观众听到了我们对光纤电缆的担忧以及火星车工程师对电缆的不重视。评审人员判定：电缆现在是制造化学与摄像机仪器的当务之急。原来这三位评审人员在审核结束后将直接参加火星车全体会议。在那场会议中，他们向火星车项目负责人提到了我们的担忧，于是形势立即有了转变。一周内我们就和喷气推进实验室通了电话，听他们描述只沿着电缆装置一个连接器的新计划。随后，当意识到要对保证电缆的性能负责时，工程师放弃了最后一个连接器。

随着项目的进展，所有人都更好地了解了彼此，团队成员之间的关系有了显著改善。于是，我们开始看到共同的目标了。

起初，了解不同机构与不同文化的期望也是一个挑战。作为一个国防基地，我们的实验室希望我们完成一系列的背景调查以及与我们一起召开技术会议的外国人相关的文书工作。临近 2005 年年底，我们必须安排化学与摄像机仪器初始设计的审查。有 14 位法国同事会出席陈述他们的工作成果，与会的约有 20 位喷气推进实验室专家，其中包括审查小组和一些火星车负责人与工程师，他们将评估我们的进展和计划。会议地点安排在距离洛斯阿拉莫斯约 15 英里的地方。我们已将文书发给法国团队成员填写，启动了境外访客记录进程，但很少有人及时提交回复，有些人根本就没提交。毕竟此次会议地点不是在洛斯阿拉莫斯，而且对他们来说这些表格上的字都是外语，有些人直接置之不理。会议即将开始之际，我们的境外访客办公室提醒各负责人，未经批准的境外访客不得参与会议。

文书工作的问题导致一个可笑的结局。没填表的人当中至少有一位是法国航天局的高级管理人。整个法国代表团保证如果这位管理人被禁止参会，那么他们将一起退出此次会议。其中一人喃喃自语："我们法国人知道怎么罢工！"如果一半的队员被赶出会议室或罢工，那么审查就无法进行！如果我们的审查在最后关头被取消了，加上美法两边在争吵，那么仪器本身可能会处于危险之中。我们连忙打电话给实验室高层管理人员，请求他们让我们举行此次会议。幸好，他们找到一种解决文书工作的办法，但他们让我们保证以后要更注重程序。

这些事件让每个参与其中的人都感到很沮丧。但迄今为止我们面临的最大技术挑战是化学与摄像机仪器探测器的失败，这个探测器在仪器研制的第二年才制造出来。这是我们"越简单越好"政策失败的地方。

每个太空任务必须考虑辐射对其仪器和部件造成的影响。太空中充满了宇宙射线——会破坏人体细胞和电子电路的超高能粒子。火星科学实验室任务不同于典型的太空任务，因为它将到一个至少有稀薄大气层的行星上为火星车屏蔽辐射。此外，火星科学实验室航天器本身相当大，这样在十个月的火星探索中它多少能保护自己的内部结构。不足的是，火星车用放射性同位素热电机提供动力。这最终将产生火星车遭受的约一半辐射剂量。但总的来说，这对一个太空任务而言将是相对低的辐射剂量。

当我们第一次考虑电子设计时，工程师告诉我们辐射水平绝对在商用电子部件能够承受的范围内。为了让质量控制的工作人员高兴，大多数时候在我们的脑海中，对于大部分的零件，我们仍计划使用军用级部件。然而，这三个光谱仪的检测器都是电荷耦合器件，而且这些器件不是军用级组件能简单替换得了的。

电荷耦合器件就是所有类型的相机——从手机到摄影机，再到科学级相机——拍摄图像的设备。电荷耦合器件由将光转换成电信号的许多像素组成，这些电信号可以被写入存储器。许多电荷耦合器件型号都是独一无二的，当我们研究电荷耦合器件的时候，我们发现我们计划使用的那个模型明显与众不同。其他检测器都没有这样简单的输入装置或相同体积。而且，因为光谱仪设计是根据这个构造设计的，所以从根本上说我们只能用电荷耦合器件，除非我们想重新设计整个光谱仪。许多航天器传感器都用了昂贵的，而且通常是定制的探测器，每个探测器的费用可能高达数百万美元。我们的预算不允许我们用这样的探测器，而且这违背了我们的做事风格。我较喜欢务实作风，能用就好。

制造起源号时，有一次我们翻遍了镇上一家小型五金店，搜索一个形状合适的炒菜锅，将它作为一个装置器制作仪器的挠性零件。在光谱仪案例中，我们所选择的检测器原本是设计用于杂货店条形码扫描仪的。这根本不算什么，只要这个探测器能在光谱仪中发挥作用。它在实验室里表现很好。用这一探测器制成的商用光谱仪我们已使用了很多。坚持使用这一商用产品是最简单的，因为我们的实验室团队中没有电荷耦合器件专家。除此之外，这个探测器通过了太空飞行的"震动和烘烤"测试。我们知道在它能升空之前还要对其进行其他测试，但比起辐射剂量，我们更担心的是温度影响。

在火星科学实验室仪器筛选结果公布后，我们就开始对电荷耦合器件进行多次额外的测试。最终它们所接受的测试远远超过它们应有的测试。在这之前，首先是要为我们的项目找到一位保证质量的专家。我们选择了一位熟人，对方是个承包商。可惜这意味着我们必须经过一个漫长的合同审批流程。在筛选结束之后第六个月里，这个实验室承包商的办公室换了三次地点，这严重推迟了审批进展。总的说来，签合同花了四个多月，我们可以用这些时间做很多其他事情。

一旦完成签约，我们就必须找到一个愿意对电荷耦合器件进行各种测试的公司：热测试、冷测试、加速测试、高压测试、真空测试、防潮性能测试、拉应力测试以及显微镜下的切割测试。

我们一下子就遇到了问题。第一个测试只是对工艺质量和所用材料制造的仔细分析。第一份测试报告警告我们，电线锡含量100%，这是美国国家航空航天局所禁止的。这种材料的电线有种非常奇怪的属性，因为事实上它们会长出微小的须触线。须触线会和其他组件接触并导致该组件所在部分短路。反过来它们也会像微型避雷针，导致静电释放到周围环境。没有人真正知道须触线是如何长出来的，但就该问题，工业中的高倍图像和故障报告比比皆是。有足够的证据表明，我们的电荷耦合器件不能在那样的环境中飞行。因此我们花高价，找到马萨诸塞州某家公司用自动装置将突出的电线浸入大桶融化的铅，这将解决须触线问题。我们给这家公司送去一大堆探测器，让他们对其进行热浸镀处理。

铅浸结束后，我们的探测器测试进展缓慢。一批75个的电荷耦合器件（虽然只有三个升空，但我们需要测试许多电荷耦合器件）接受了多次无损测试。其中一部分随后接受了其他更加严峻的测试，包括高度加速测试、拉应力测试和声学测试。只要该做的，那么每个测试都要做两遍。现在距离化学与摄像机仪器入选上火星已经过了一年半，测试也即将完成。我们决定最后再做辐射测试，这是必然的安排。首先，我们将会对单个探测器进行测试，然后研究不同部件之间的统计变异。当第一个发光的电荷耦合器件被送回来时，我们正忙于其他事情，而且我们的质量保证工作人员不在国内，所以我们将它搁置了几个星期。2006年7月初，我们把注意力转移到探测器上面。

那是一个星期二的中午，我最终发现了灾难性的结果——电荷耦合器件完全无法使用！发光装置的背景噪声穿透了屋顶。我感到非常震惊。出什么问题了？我甚至完全不信这个结果。但是由于周三就要向喷气推进实验室管理处提交月度报告，所以我把电荷耦合器件结果写进了报告，指出这是暂时性的结果。

那天晚上我熬到很晚，其实，我根本就没睡好。我核对确定测试操作是正确的——问题不是辐射剂量过多。我在文献中也发现了相似的测试，但由于我不熟悉不同放射性部件之间的变换系数，所以我不明白这带来的影响。终于，我发现有个探测器制造报告警告说电荷耦合器件可能非常容易受辐射影响。现在我开始在想我们的项目是否有背水一战的机会，又或者说这些必然的变化会击败它。我祈祷项目能胜利！

第二天，我们报道了这个坏消息并承诺竭尽全力检查其他选择。那天晚上我再次熬到很晚，这一次我浏览网页看看能否找到另一个契合我们光谱仪的探测器。让我意想不到的是，有几个可用的科学级探测器被设计于抗辐射。这些抗辐射的探测器都是矩形的，而不是我们原来计划的单条式像素装配，但我们也只能用它们了。隔天，我们的一个团队成员打电话给这些探测器的生产商向他们询问适用性和可用性。我们做好准备，用八周时间等待一个理论上看似最适用的探测器。看来甚至连完成初步测试也将是一场旷日持久的考验。

　　第二天，喷气推进实验室的有效载荷管理人员就另一个话题进行访问。然而，整个会议完全都是在讨论电荷耦合器件这一话题。管理人员慷慨地许诺，他们将竭力把我们用得到的专业人员借给我们。随后几天，我们与许多喷气推进实验室专家进行了多次电话会议，他们都喜欢我们备选的检测器。仪器其他部件的装置改变起初看起来并不是非常彻底。就此，我们的工程师正在寻找解决方法。

　　接着，更令人惊喜的事情发生了。我们了解到实际上生产商有几个这样的探测器存货。我们能够立即购买它们，而且它们在一周内就到了我们手上而不是我们担心的八周。同我们合作的光谱仪公司"海洋光学"也立即投入这一改动。虽然有些改动会拖延进程，而且新的探测器更加昂贵——每个从 100 美元变成了 5000 美元——但化学与摄像机仪器看起来不再处于致命的危险之中，至少不是受到来自探测器的危险！

　　但我们的问题还没结束。此时，一个完全不同的组件开始让我们过上地狱般的日子。化学与摄像机仪器将使用两种类型的光纤把光传送到光谱仪。其中一种光纤是喷气推进实验室供应的电缆，这次一切顺利。另一种光纤是合适仪器中的一组光纤束。这些部件之所以被称为"束"，是因为每个部件都是由 12～19 根头发粗细的光纤组成。我们用它们来塑造光的形态。在光纤束的一端，光纤都被排成一个圈，而另一端都排成一列，当光进入光谱仪时，我们需要让光变成这样的形状。这个被设计用于提高仪器性能的光纤束是后来添加的，所以项目之初并没有购买光纤束。我们现在正试图迎头赶上。

　　起初光纤公司的回应很慢，所以我订了机票，打算飞到他们在马萨诸塞州的工厂，向他们解释他们生产的这个小部件对我们项目的重要性。当我在飞机上坐下的时候，我就知道出事了——飞机即将起飞，但机组人员却不慌不忙。最终，一名乘务员广播通知说飞机出现机械故障。两个半小时后飞机起飞了，当我到达明尼阿波利斯的时候，我的转接班机已经飞走了。为了将此次行程的时间压缩到最短，我本来计划隔天早上和工厂负责人见完面就飞回实验室。但没有飞往东部的航班了，所以现在一切都搞砸了。

　　在我的回程航班已经起飞返航之后，航空公司想为我预定到马萨诸塞州的航班。我跟他们解释了我的困境，然后航空公司帮我找到一个很快就能到马萨诸塞州的航班，但这一航班需要另外在芝加哥停留。彼时是二月中旬，是风城芝加哥一年中最寒冷的夜晚。我在深夜才抵达，而且我必须步行 0.25 英里才能到我订的酒店，在那里我睡了几个小时，然后去赶早上 6 点的飞机。当我拖着沉重的脚步离开冷清的酒店大堂，寒冷的烈风无情地鞭打着我，还把脏兮兮的雪吹到我脸上。

好在早晨的航班飞行顺利。光纤公司的负责人热烈地欢迎我，我们详细地讨论了合同。他们将交货时间缩短到约 12 周左右，这看似是可以接受的。生产这些非常细的光纤是无法想象的难事，需要在显微镜下进行黏合和抛光。我们绝对提升了他们的生产能力。当他们向我描述生产过程时，我变得更加体谅他们生产这些部件需要耗费比较长的时间。于是我决定我们可以接受延迟交货。

令人失望的是，当我们收到这些光纤的时候，当中只有一部分能用。有些光纤会发光，所以看起来好像它们正在工作，但光子仪测量的结果表明光纤内部某个地方的光不见了。所以至少还要另一轮的生产我们才能获得能用的光纤。

虽然化学与摄像机仪器项目进展缓慢，但我的家人必须按正常节奏生活。我们的项目现在大概进展到一半了。制造一个火星仪器的兴奋已消退。我每天都在实验室处理各种不遂心的事宜，奋力工作 11 个小时之后才回家。我的家人渐渐厌倦我又晚又沉闷地回到家中。我没有和他们分享太多困难的细节，因为我的妻子和孩子们越来越无法谅解我的这些遭遇。有时候，提及遇到的问题会引来错误的回应。因此，纤维束问题成了我们晚餐餐桌上最常提及的话题，不过这并不是个好话题。

当时我的两个儿子，一个 13 岁，一个 10 岁，他们已经到了不再把父母当英雄的年龄。我肯定是和他们发了过多关于光纤束的牢骚。因为他们不知道光纤束是什么，所以他们总觉得这是一个有趣的笑话。"爸爸，你今天和你的光纤束处得如何？它们仍是一场灾难吗？我们需要为它们祷告吗？"我的大儿子卡森会狂笑，他正处于青春期的变声期。小儿子艾萨克会用他那较高音调、尖细的说话声应和道"光纤束！"，他会大声说"光纤束"的"光"字。他重复说了七次左右，咯咯笑着，直到从椅子上掉到地上。"光纤束，光纤束！"他又重复了几次，一边在空中不停地踢着脚，一边咯咯大笑。"我们仍在处理这个问题。"我疲倦地答道，尝试恢复餐桌秩序。这些仪器问题不是短时间就能解决的。但我很难向我的儿子描述如此缓慢的进展，我的儿子不过是想要我多陪陪他们。

当我们求助了美国国家航空航天局在喷气推进实验室和戈达德航天中心的光纤专家后，纤维束终于能非常顺利地工作。

2007 年，当夏天到来时，我们收到了来自法国的桅杆部件原型。该原型包括激光器、望远镜和照相机。我们的法国队友在最短的时间内完成了他们的工作，历经两年半就交出了工程模型。化学与摄像机仪器越来越让人兴奋了！我们可以开始击穿岩石，还可以拍照。

收到工程模型后，我们的一些法国队友前往美国拜访我们，包括我的好朋友西尔维斯特。他们此行的目的是检查法国和美国仪器部件之间的电连接器和软件命令。我们取得了许多进展，但我们知道这将是短暂的一周，因为劳动节就要放假了。周四快结束的时候，相机很好地将来自法国的桅杆部件的图像传送到洛斯阿拉莫斯国家实验室制造的装置里面的仪器电脑里，然后再传到我们的火星车模拟器和笔记本电脑上。不过周五我们所有的技术人员都休假。

西尔维斯特和我花了一上午与其他科学家讨论校准问题以及我们正在运行的火星模拟。然而，到了下午我们都急不可待地要使用化学与摄像机仪器。西尔维斯特想从更远的距离拍照。在法国，场地太小，所以他没办法这么做。洛斯阿拉莫斯国家实验室用于储藏小型微型的无菌室的一端有个车库门，这个门可以让卫星直接从隔壁大房间转到这里。当我们打开车库门，我们可以在远达 30 英尺的距离上拍照。我们在这个距离拍了些照片，但我们想要更远的拍摄距离。毕竟，我们的相机要透过一个小型望远镜观察，这有点像站台上的体育节目广播员站在高高的箱子上使用的长焦距镜头。我们的无菌室，甚至是我们更大的外间也无法让我们进行更远距离的拍摄。然后，我们意识到，如果我们有一个镜子，那么我们就可以有效地增加一倍的拍摄距离。化学与摄像机仪器可以用镜子"自拍"。可惜，我们没有镜子。

我在实验室四处搜寻镜子，直到西尔维斯特建议我们试着到卫生间找找看。这是一个可笑的想法，但卫生间的镜子可能会奏效。男卫生间的墙上挂着一面小镜子。我们拿到一把螺丝刀开始松开螺丝，但没成功。西尔维斯特连门都没敲就迅速进了女卫生间。法国人在这方面往往没那么拘束。他邀请我进去检查硬件。女卫生间有面完美的镜子。这面镜子垂至地板，用螺丝刀就可以很容易地拆下。周围没有人，所以我们搬走它，把它搬到楼下的实验室，在实验室里我们用一些箱子支撑它让它立起来。我们站在 30 英尺远的地方，轮流蹲在化学与摄像机仪器后面拍下镜子里的自己。隔着有效的 60 英尺距离，相机和望远镜漂亮地拍下了我们的脸！

　　2007 年夏末，项目的中间部分——最糟糕的部分——好像结束了。我们即将完成工程模型，也将开始制造飞行模型。那是非常困难的两年。我和团队里的其他人都盼望着能稍微轻松一下。我们没想到就在一个星期内我们就要遭遇最严重的威胁。

第十四章

任务取消

在最初两年，火星科学实验室火星车项目在经费方面没什么问题。有些方面的成本有所增长，但该项目有足够的储备经费来弥补这些方面的花费。我认为就该体形的火星车重要项目来说，火星科学实验室火星车已经做得很好了。我所知道的大多数大型任务最终立即陷入财务困境。美国国家航空航天局的常规反应是取出有效载荷中的仪器。虽然清除或减少仪器只产生很少的成本节约，但有时可能会严重减少任务的科学回报。但当发生成本超出预算的时候，只有两个选择：一是让成本上升，二是取消整个任务。问题是每个任务真正的大花费是运载工具（火箭）、软件和许多让一切得以运行的工程。总之，大部分成本都是必要的。

就火星科学实验室火星车而言，在一个成本为 14 亿的任务里装载成本起初是 7500 万美元。如果整个任务成本只增加 7%（1 亿美元），可以想象到的是，美国国家航空航天局会彻底取消所有有效载荷（即任务执行的全部理由），但仍无法省下足够的经费将任务控制在原始成本内。

从一开始，7500 万美元就不够制造有效载荷。虽然所有的仪器成本原先就增至 7500 万美元，但当每个仪器要满足火星车的实际规格时，很多事情必须做出改变。在化学与摄像机仪器的案例中，桅杆到车身之间的电缆由喷气推进实验室提供。我们将在机体内使用电压转换器为桅杆提供动力。然而，喷气推进实验室提供的电缆非常细，所以从机体到桅杆的电压会大大下降，因此我们不得不改变计划。接着是光纤问题，光纤耗费了大量资源。

最重要的是，喷气推进实验室越来越担心火星车的体积。各辅助系统似乎都在加重。为了坚持任务，喷气推进实验室告诉有效载荷负责人，他们将出资寻找方法减轻我们仪器的重量。我们本来计划用钛制造光谱仪，钛耐高温，符合我们光学仪器的要求。我们的系统工程师约翰·伯纳丁建议我们用铍制造这些部件。

铍的生产成本非常昂贵，而且需要特殊控制，因为铍尘会对人体健康产生危害。用铍制造化学与摄像机仪器将意味着在生产商那里耗费的时间会更久，要对团队成员进行特殊培训还要针对我们能对部件所做的改动做出许多限制。所有这一切都需要花钱，但这将使仪器减重约2磅，几乎减少了装置在机体上的仪器的一半重量，而且喷气推进实验室愿意花费数十万美元。我们同意用化学与摄像机仪器减重，以换取经费增加。

化学与摄像机仪器的许多变化加起来共花费数十万美元。在制造仪器的第一年年末，我们与喷气推进实验室签订一份协议，协议将我们的成本限额从计划书上的700万美元提高到900万美元。法国制造不少仪器并为此付款，这帮了我们很大的忙，他们制造的仪器包括激光器和望远镜。

其他火星科学实验室火星车仪器团队也经历了类似的适应问题。在某些情况下，他们发现组件和劳动力成本都超出了计划的成本。成本比化学与摄像机仪器高出四五倍的几个仪器会增加它们一倍的成本。最后，两个最昂贵的仪器的总成本超过1.5亿美元。介于以前比此次火星车小得多的火星车的有效载荷成本在未经通货膨胀调整时也超过4000万美元，因此1.5亿美元并不会太令人意外。

另外一个比预期超出非常多成本的部件是采样机械臂、样品处理和搬运系统。人们称之为SA–SPaH（发音是"saw-spah"）子系统，其中包括一台岩石粉碎机、一个研磨钻、一个岩石碾碎机以及用于两个"分析实验室"仪器的进气系统，该仪器将鉴定被倒入火星车甲板进气口的粉末样本——岩粉。科学家们决定，他们也想把岩粉倒进一个观察托盘，在那里他们可以拍摄岩粉的特写照片。从以前的火星车可以得知，早在任务结束之前，岩石粉碎机和研磨钻钻头会变钝。工程师们更乐意设计可以在飞行中改变的替换钻头和粉碎机刀片。但让机器执行替换程序是非常复杂的，而且这将大大增加接头和其他活动部件的数量。负责SA–SPaH的工程师人数增加了，完成日期推后了。最终，整件事变得过于复杂，而且设计被按比例缩减了。

火星车的其他部件现在也面临着问题。火星科学实验室应该是最终版的全地形火星车，可以在任何温度下工作，工作温度可低至火星大气的冰点。美国国家航空航天局曾经为火星科学实验室的众多发动机计划了一些新技术。其中一个新技术是用钛代替不锈钢制造发动机的轴承，这样可以减轻几百磅。

在第一轮测试中，新的钛轴承失败了。美国国家航空航天局要求进行第二轮测试，但成本在增加。此外，预计的交件日期不断往后推，这将要求喷气推进实验室让更多的人在这个项目工作更久，增加了人员费用。

火星车正面临成本危机。但对美国国家航空航天局来说，这只是所有成本增长的任务中较大的一部分。在美国国家航空航天局文件夹里的是处于各阶段的任务。有些任务几乎已经准备好要发射；而另外一些任务，比如詹姆斯·韦伯太空望远镜，仍处于计划和可行性研究阶段；还有些任务，比如火星探测漫游者"双胞胎"前一段时间已经发射，并要求任务扩展。

现在所有的成本压力都落到新的美国国家航空航天局空间科学副局长阿兰·斯特恩博士头上。阿兰·斯特恩博士以自己的名义担保会控制不断上升的任务成本。因此，2007 年夏天，当火星科学实验室管理团队态度谦和地赶赴华盛顿时，斯特恩博士让他们回去并设法削减成本。

在美国国家航空航天局管理中控制成本是最吃力不讨好的和最艰巨的任务。因为准确估计一种新技术的花费非常困难。专家们的结论是，为了了解一个新项目的成本，必须启动并进入发展阶段。可以说，新技术就像是一条隧道——只能看到一点点的未来。如果某些项目的未来被证明是非常昂贵的，那么当你发现这一点的时候你已经进入了隧道。

此外，为了获得荣誉，美国国家航空航天局每个管理人都想尽可能多地启动新项目。在财政上采取保守态度并没有政治利益。斯特恩博士被上任管理层留下的财政问题缠身，而他想在自己的领导下启动新任务。美国国家航空航天局所需要的是一些储备金，以供任务超出预算时利用。然而，政府的会计之臂不会允许美国国家航空航天局有应急经费。

遭到华盛顿的拒绝，火星科学实验室管理层陷入了窘境。如果说任务仍处于设计阶段，那么去除仪器或支持系统相对会比较容易。但是大部分仪器都已经设计好并处于制造中，而且 SA–SPaH 已经被精简过了。

首先，各仪器负责人在帕萨迪纳举行了一次紧急会议，以审查选项清单看是否有可砍掉的选项。清单很短，有（为补救措施保证可靠性而）重复的帮助着陆的软件系统、一套备用的电源组，剩下的就是仪器。这些仪器都处于最后的制造阶段，因此它们的合同都还在，而且大部分工作都做好了。帕萨迪纳会议结束后，我们觉得事已至此，我们实在束手无策，除了取消全部任务，但这会浪费已投入的5亿多美元，而且无法为以后的火星探测计划留下丝毫可借鉴的痕迹。

不过，美国国家航空航天局需要从任务中获得一些东西。我有点担心化学与摄像机仪器，因为激光技术是新技术。传统分析技术的政治支持比激光诱导击穿光谱技术多了数十年的优势，因为研究生要辛苦地写论文并熟悉这些技术每个最新进展的细节。他们是在学习这些知识中成长起来的，并用他们试过且有效的方法来赌自己的事业。不过，虽然我们的激光技术是新技术，但我们有法国队友。在取消一个受合作国数百万美元经费赞助的仪器之前，美国国家航空航天局一定会三思。因为此举可能意味着扼杀了未来的合作，有很多合作正在进行中。

取消仪器的问题看似没了下文。在帕萨迪纳市举行的紧急会议时间是2007年8月的第一个星期。那时化学与摄像机仪器的发展似乎已经处于停滞状态。我们的电子学团队仍在加速新探测器的进展。终于，我们的努力在九月初取得成功了。这些探测器并不完美，但它们可以工作。我们把探测器安装在工程模型中，然后进行我们的第一次完整测试。为这个项目工作的许多工程师从未见过激光诱导击穿光谱仪的实际操作。现在，我们把他们叫到无菌室观看我们的第一次试验。每个人都戴上了自己的激光护目镜。我们对激光器下指令。砰！离子激光炸开了有点距离的岩石。现在，所有人都把目光转向电脑显示器，此时仪器正在传输数据。出现了！微小但无误的光点。我们知道这可以进行改善。整个团队倍受鼓舞，化学与摄像机仪器能工作了。

我知道前面仍有很多工作，但我开始放松了一点点。那个夏天我们的家庭度假包括去加州理工学院的火星会议——这肯定不算是家事。九月初，格温和我开始为那个秋天即将到来的结婚二十周年纪念日讨论出行计划。我们熬夜计划沿着加利福尼亚州来一次周末航游。我想我至少能远离洛斯阿拉莫斯一点点。我们通过网络落实了所有细节，几经讨论后点击了"购买"键。起初什么都没发生，随后电脑窗口说我们已经过了当天的购买时间。夜越来越深，所以我们决定第二天再预订。

第二天上午，我比往常迟了几分钟去上班。当我下车的时候，我打开工作手机。我收到了一条昨晚（9.11）发的信息。这条信息让我尽快致电美国国家航空航天局总部。我的大脑开始迅速转动，难道是取消火星车项目的相关事宜？

接我电话的是美国国家航空航天局首席火星科学家麦克·梅尔（Michael Meyer），他开口便说："罗杰，我要告诉你一个坏消息。"我的心一下子沉了。他说化学与摄像机仪器被取消了。当他说完，我问他取消的原因。他回答说是因为仪器的成本太高。我回他："你没在说笑吧！"我说根据和火星车团队签订的协议，我们的成本预计只有约 150 万美元（其中一大部分是因为更换探测器）。我们在银行里还有一些经费，而且此时我们只要不到 200 万美元就能完成这项工作。现在取消这个仪器将浪费近 1000 万美元，更不用说法国人出的那部分钱。法国的投资接近美国的两倍，要他们怎么接受这个决定？"真的吗？"麦克·梅尔回道。看起来他并不知道法国的贡献。我继续说了一段时间，但最终我俩的辩论太累人了。显然麦克也认为取消化学与摄像机仪器是个坏主意，但我必须和他的上级谈这件事。他让我们和美国国家航空航天局的管理层开个会。

结束通话之际刚好有来访者敲办公室的门。是一位地质学教授和她热情的学生们，他们来进一步了解我们令人激动的激光诱导击穿光谱技术。我用哽咽的声音告诉激光诱导击穿光谱仪实验室的负责人山姆·克莱格（Sam Clegg），美国国家航空航天局来电说他们取消了化学与摄像机仪器。他匆忙地将来访者支开一上午，这样我就可以处理这个问题了。

第二通电话是法国打来的。我们的项目负责人布鲁斯·巴勒克拉夫和喷气推进实验室有效载荷负责人埃德·米勒（Ed Miller）在法国对法国化学与摄像机仪器团队进行技术访问。每个人都在怀疑。讨论持续了一段时间。最重要的是，我们了解到法国航天局的局长和副局长下周正要前往美国国家航空航天局总部讨论其他合作事宜。我们的法国队友跟他们说了这个消息，以确保他们会提到化学与摄像机仪器被取消一事。

在此期间，其他火星车的负责人正在召开一次会议，我快速给我们的科学团队起草了一份备忘录。那天剩余的时间我忙于带来访者了解激光诱导击穿光谱技术，忙于我们的技术团队。迄今为止，这个决定尚未被广泛知晓，这是件好事。这不可能是真的，这肯定是一个梦！格温和我悄悄取消了我们的结婚纪念日计划。

随后几天是一连串的会议。我们和美国国家航空航天局行政管理系统中各级别的人商量此事。麦克的上级来电和我们的管理人讨论这个问题。我办公室对面的一位女同事在读研究生的时候认识了现在美国国家航空航天局总部的二把手。她联系了他，两人讨论的结果似乎证实他对化学与摄像机仪器的了解并不全正确，包括我们与喷气推进实验室的财政协议以及法国对该项目的付出。政治上的原因也变得更清晰。看来，美国国家航空航天局是在害怕追究由两个不同美国国家航空航天局中心制造的仪器。两个中心制造的仪器成本是化学与摄像机仪器的 10 倍，而且它们有 10 倍的成本超支。但由于化学与摄像机仪器不是在其中一个美国国家航空航天局中心制造，所以被取消了。与此同时，斯特恩博士现已公开宣布决定，向新闻界谴责我们的仪器和机构。我们的管理层不喜欢这种战术。

我等着法美两国航天部门在华盛顿参加首脑会议的结果。法国航天局领导在会议上提到取消化学与摄像机仪器一事。如果当中存在误解，那么他们一定会解释清楚。西尔维斯特联络了法国航天局副局长及其随员，他在法国时间的深夜打电话给我。华盛顿的会议已经召开，他的熟人让他放心，他们已经提了取消化学与摄像机仪器一事。我们又等了一天，但是我们什么消息也没听到。最后，我打电话给在喷气推进实验室的一位同事。这位非常可靠的同事说他曾听到斯特恩博士提到法国航天局领导从头到尾都没在会议上提到化学与摄像机仪器。发生了什么？这真是令人抓狂！

法国航天局领导从华盛顿到西海岸的喷气推进实验室参加美国国家航空航天局成立 50 周年的一场庆典。我们安排好一切以确保喷气推进实验室负责人会和法国航天局领导提到取消化学与摄像机仪器一事。总的说来，喷气推进实验室对化学与摄像机仪器又爱又怕。也许在喷气推进实验室许多工程师和管理人员心中，化学与摄像机仪器是强大的死亡射线枪，如果它没有瞄准，那么可能就会摧毁他们宝贝火星车的一些部件。然而，他们也很高兴又大又强的新火星车能携带炫酷的化学与摄像机仪器。激光枪适合他们的火星战斗坦克。至少，法国航天局负责人得到了喷气推进实验室主任查尔斯·叶拉奇的保证，喷气推进实验室将尽最大努力支持化学与摄像机仪器。从此，喷气推进实验室和法国航天局都努力确保化学与摄像机仪器的成功。后来被授予法国荣誉军团勋章的叶拉奇主任在获奖感言中特别提到化学与摄像机仪器，他幽默地说化学与摄像机仪器每次击穿岩石发出的"嚓嚓嚓"声都像很快地在说："法国万岁！法国万岁！"

法国航天局的访问结束了，他们没有明确解决任何问题，于是我们的科学团队决定写信游说。虽然美国国家航空航天局透露给新闻界很多关于化学与摄像机仪器的错误消息，但我们坚持保持我们的积极回应。我们起草了一封信告知科学界取消化学与摄像机仪器是非常不合适的行为，因为它的成本相对较低。我们阐明该仪器是与法国航天局的合作项目，而法国航天局将会是未来太空合作的理想伙伴，我们还强调了所有仪器的重要贡献，如果没有这些仪器，那么火星科学实验室将很难执行任务。我们呼吁每一个同事写信给负责决定此事的所有美国国家航空航天局管理人，请求他们积极地处理这件事。我每晚都熬到很晚写了上百封电子邮件，我们许多科学小组成员也在做同样的事。每个人都打了电话，发了电子邮件请求。一位科学家说服自己小学院的大部分学生写信给美国国家航空航天局。一个星期后在喷气推进实验室一次会议上，我发现自己就坐在我们写信游说目标之一的正后方。因为会议单调地进行着，所以该男子打开他的笔记本电脑，想要浏览邮件。最终他转过头，怒气冲冲地对我说："单单这个学院每天就给我发了几百封关于化学与摄像机仪器的邮件！你能不能让他们不要再发了！"我对他感到抱歉，但我们不罢手。

我们将写信游说贯彻到底，提出计划打动美国国家航空航天局的独立咨询小组。杰出科学家会定期开会，就美国国家航空航天局在火星、金星、月球和外行星的任务提出建议。这些团体随后向行星科学小组委员会汇报，该委员会向美国国家科学院的美国国家航空航天局顾问委员会汇报。十月初将举行一次行星科学小组委员会会议，事实上大多数美国国家航空航天局管理人都会出席。西尔维斯特来了美国，所以我们都能参会。在会上我们遇到了美国国家航空航天局几个层级的管理人。西尔维斯特和我都遇到了斯特恩博士，我们对彼此都很友好。显然我们都用自己所知的最佳方式在办事，但我们的目标不一样。

看似美国国家航空航天局管理人是在行星科学小组委员会会议上第一次真正听到化学与摄像机仪器被取消一事。后来，有人告诉我，所有人都站在我们这一边，除了当初做出决定的那个人。行星科学小组委员会发出书面劝告强烈建议美国国家航空航天局顾问委员会找出一个让化学与摄像机仪器重返火星车有效载荷的方法。作为最后一个政治性办法，我们求助了该领域最杰出的一些人代表化学与摄像机仪器发挥他们的影响力。

在此期间，我们降低了我们的预算，看看我们是否能软化美国国家航空航天局的态度。我们取消了备用部分和测试的费用。法国团队答应派一个工程师，就其所能提供帮助。我对是否要大力削减成本的推测还犹豫不决。研制独一无二的仪器经常会出问题。我们必须有经费来补救不可避免的失败。但这是一件不成功便成仁的事情。

我们从火星车团队的其他成员那里得到了极大的支持。有些科学家拿出他们自己的经费来支持化学与摄像机仪器。化学与矿物学分析 X 射线衍射仪的负责人戴维·布莱克放弃了一半年薪来帮助我们重回这个项目。

即使我们的实验室可能即将被关闭，但我们的技术团队仍在继续工作。我们的经费还能撑到今年年底，我们还没有接到停工的正式通知。有人开了个玩笑，在电子实验室入口放了个募捐杯，有些人真往里面扔了零钱。然而，尽管我们表面上保持轻松，但内心却极其担忧。我们的系统工程师约翰签署了另一个项目，先做兼职，但此举是对项目最终停止的预防措施。大伙儿越来越感到疲惫。

"取消事件"过了一个多月，某个下午，从实验室回来的布鲁斯看起来比以往更疲惫。"坏电缆可能已经破坏了我们的系统。"他喃喃自语，随后立即打电话给喷气推进实验室。喷气推进实验室负责法国和美国仪器部件的所有电缆。他们刚给我们送来适合飞行的新电缆让我们在工程模型上试用，我们正准备将工程模型运送到喷气推进实验室。布鲁斯安装了新电缆并启动化学与摄像机仪器。出大问题了，电流高于峰值。他立即关闭所有电源，但仪器冒出了一股令人作呕的烟味。重新安装上旧电缆也无效。化学与摄像机仪器坏了！我们的电气团队开始排除故障。

法国和美国的化学与摄像机仪器部件都已经被严重破坏。我们简单地检查了电缆并把它送回喷气推进实验室。后来我们发现，这条电缆最初被设计为两条电缆，一条用于 66 电源，一条用于信号，但有人决定合二为一。每条电缆原本有用数字标记不同的电气线路。在合并设计中，标有同一数字的线路都被连接在一起，这样一号电源线路不但会和信号线路的一号线连在一起，还会与另一端的电源线路连接器的一号线路相连。没人发现这个错误。为喷气推进实验室制造电缆的承包公司只知道根据所给的设计图来制造。喷气推进实验室和布鲁斯做了"引出"电缆测试，也就是说，他们完成了简单的检查，发现所有连接都在，而且相邻的线路没有造成短路。但一旦电缆制造完成，科学家几乎不可能检测出这个可怕的错误。错误造成的结果是信号线路有过多电压，这会烧毁仪器两端的电路元件。就在喷气推进实验室的主任承诺尽一切努力恢复化学与摄像机仪器时，该实验室的工程师和管理人员都吓坏了，因为他们要对化学与摄像机仪器的损坏负一部分责任。

法国的电子盒被送返法国维修，而且在一周内就修好送到了美国。我们试图安装美国制造的仪器部件。但即使我们换上了明显受损的电子元件，这个部件仍为故障所困扰。它一会儿能工作一会儿不能工作。几分钟后，有部分会做出灵敏反应，但光谱仪传来的信号是乱码。这个问题每天看起来都不一样。我们的电子工程负责人拉夫·斯蒂格利茨不停地更换更多的部件。随着部件一会儿工作一会儿不工作，没有结果的日子一天天过去了。仪器故障持续了漫长的2个月。那是段没有尽头的循环日子：尝试部件，摇头，拉出电子板，把电子板送回焊接车间，然后把电子板送回测试实验室，在实验室科学家会用电压表和欧姆表探查电子板，然后再重试部件。我们的工程师们不知道他们这辈子能否排除这个故障。我们考虑过放弃工程模型，只完成飞行模型，但我们知道我们需要用工程模型检查软件，仪器和火星车都要接受检查。8个多星期后，我们终于排除了电子器件故障。

与此同时，到11月初，我们的经费只能再撑一个月。在政治方面，我们已经尽一切努力。我们的写信游说已几乎接近尾声。我们已经和各级的管理人和委员会交谈过了，而且他们也给出了建议。我拜访了美国行星协会，与火星协会交谈过，还联系了我能找到的所有的游说团体。我们的成本已经削减到最低限度。能做的都做了。如果情形没有很快发生转变，那么我们的经费即将告罄，我们的团队会解散，而且我们不可能完成化学与摄像机仪器。我拒绝去想这种可能性。我们处于最糟的环境——我们工程模型的电子部件被烧毁了，而且我们处于停滞状态。在这样的情况下，我们的团队仍有出色的表现，但我们还能坚持多久？

11月8日上午，我到办公室的时候看到了一封来自美国国家航空航天局的电子邮件，祝贺我们配合降低了成本。目前还没有进一步的细节。我们降低了成本吗？我们已经从簿册上削减了一些项目，但我们没有资金可以应付那次发生的那种突发问题。后来，我主要通过报刊知道，美国国家航空航天局已决定给予化学与摄像机仪器少量经费，加上其他火星科学实验室科学家的贡献，并祝我们好远。我已经麻木了。我们已经精疲力竭，仪器也罢工了，但不知怎么的，我们的游说成功了。

第十五章

坚持到底

我们的小组情绪低落。就连工程模型能够运行且被送往喷气推进实验室之后，大伙儿的情绪依然低迷。我们的系统工程师现在必须为他已签署的其他项目工作。我们正忍痛缩减人员，这影响了每个人的情绪。美国国家航空航天局希望我们能创造奇迹，但我们只是人类。

喷气推进实验室正在尽最大努力帮助我们。有效载荷负责人答应让飞行电荷耦合器件探测器适合我们的仪器，这可能为我们节省了大量时间。至于工程模型，我们刚按照出厂设置的建议将探测器安装在合适的位置，并希望它们能工作。这些探测器确实能工作，但我们看得出来这些信号没有优化。这些部件对所承受的电压都非常敏感，不用几天我们就检查出每个探测器的最佳设置，调好设置就是在碰运气。所以我们很高兴喷气推进实验室主动提出要为我们解决这个问题。可惜的是，喷气推进实验室工程师对探测器做出的调整只适合拍照用的 2D 运行，不适合我们的光谱仪所需的 1D 模式。这一差异导致我们的电气团队偏离了正确方向两个月。

虽然我们最初是想让电荷耦合器件只在一种电压下工作，但这个新的电荷耦合器件需要五种电压。后来我们发现，喷气推进实验室发给我们的设置都是正确的，只有一个除外。测试电荷耦合器件时，我们应该在电脑屏幕上看到一条平滑稳定的曲线，显示我用于测试的光源的每个波长的强度。由于没有正确的设置，所以我们最终得到了最弯曲的图像。当屏幕上的曲线四处乱跳时，我们称之为"吉特巴舞"；当本应平顺的曲线充满噪声尖波时，我们称之为"毛团"。之前我们从未在工程模型中见过这样的情况。为什么现在会有这个问题？电子工程师认为这是编写设备运行代码的人的问题，而编写设备操作代码的人反过来认为这是电子工程师的问题。最终，经过和喷气推进实验室进行足够多的交流之后，我们了解到，电荷耦合器件的光学工程师指示我们在不同的模式下运行该设备，而不是在我们所需的 1D 模式下运行。弄清这个问题后，在四月份我们终于能够改变那个错误的设置并正确运行电荷耦合器件。

在此期间，没有备用零件让我们很苦恼。我们的成本节省措施让我们没有订购任何备用零件。现在，一个易损的铍制安装架坏了，但我们只好使用它。现在更换这个安装架将耗费数月的时间，而且还将花费我们所没有的经费。这个断裂的安装架不需要支撑任何东西，所以用胶带和胶水黏上之后它可能还可以用。尽管如此，但从未有人将断裂的部件送上太空。除了这一明显的断裂之外，其他部位的结构也可能弱化了，但我们必须忽略这种可能性。

我们将飞行仪器交给喷气推进实验室的日期应该是 2008 年 5 月，距离发射还有一年半的时间。然而，我们的进度在很多方面都落后了：其他大多数仪器的进展都和我们差不多，火星车的许多部件都落后于计划表。我们只能比原计划晚数月才能交上化学与摄像机仪器。一旦电荷耦合器件正常运行，我们仍必须用光纤束修复几处问题，对电子版做出最终改动，完成最后的组合，将它和来自法国的桅杆部件配合，开始测试桅杆，完成"震动和烘烤"测试，并用岩石样本进行最后的校准。我们知道喷气推进实验室的迟交时间表不是很严，因此在某种程度上迟数月送交化学与摄像机仪器并无大碍。问题在于完成仪器的超额时间将花费更多的经费。

我们的预算原本包括把化学与摄像机仪器送到喷气推进实验室之后支持必要的航天器测试经费。虽然送交是个重要的里程碑，但在组装、测试和发射操作阶段，仪器团队仍要为航天器做很多事情。该仪器首先要经过污染检验。其间，要对该仪器进行称重和测量，在火星表面执行任务的火星车的一切都要进行污染检查。将仪器和一些晶体微量天平放在一个真空室中，这些晶体微量天平敏感到足以感测到其表面纳克或皮克的重量变化。如果该仪器是脏的，那么撤掉真空室之后，这些物质就会挥发，随后有些材料会停留在微量天平上。过多的挥发性物质不利于航天器的其他部件，这些物质通常包括油脂指纹、油或者其他有机材料。火星车有很严格的要求，因为它上火星去寻找有机物，所以科学家不想被地球上的污染物愚弄。

污染检验结束后，仪器被转移到测试台接受信号和命令检查。它是否能像我们商定的文件中所定义的那样能以一种适妥的方式响应所有信号？合适的响应是非常重要的一件事，而且考虑到仪器和界面的复杂性，该测试可能要花很长时间。拿一个可能会出错的部件举例，当我们的法国同事将第一台激光器送交给洛斯阿拉莫斯国家实验室之后，我们首先就对其进行检测，有好几次当我们一接通电源，激光器就开始发射激光，而不是等待适当的命令。这是一个危险的情况，我们立刻要求在场的所有人都戴上护目眼镜，直到软件接受完彻底的检查并被校准。还有一次，这次事发喷气推进实验室，一个命令不小心启动了望远镜焦距装置上的加热器而且没有把它关掉。由于仪器是在室温下而不是在火星上，所以望远镜过热，导致对焦错位。

当所有命令都被检查完，仪器被安装在火星车上接受更多的命令和性能测试。随后火星车接受声学测试和电磁干扰测试。不同的仪器同时运行，以查看是否会导致问题。最后，火星车接受了臭名昭著的"震动和烘烤"测试，这次测试在燃烧室经历了数周，同时一切——火星车的全部十件仪器——也在接受检查。当中许多仪器的测试都需要有位化学与摄像机仪器工程师在场，但对于其他一些仪器，我们的团队只需观看电脑显示器上的结果。这可以远程操作，但仍需要我们团队中的一位专家来盯着。

我们已经准备好足够的经费用于组装、测试和发射操作测试。但是，在财政如此紧缩的情况下，加上化学与摄像机仪器送交的进一步推迟，我们现在需要经费在洛斯阿拉莫斯国家实验室完成化学与摄像机仪器，并将其送交给喷气推进实验室。我们决定提前使用所有经费以完成送交任务，忽视以后可能会出现的任何需求。这就相当于足球比赛中的防守，在最后数秒钟不顾一切地传球。喷气推进实验室的工程师将必须独自对我们的仪器在火星车上进行所有的整合与发射前测试。他们从未做过此事，尤其没有像我们这样复杂的仪器在火星车上做测试。这让喷气推进实验室团队和我们的团队都非常紧张。这也是疯狂的行为，因为这个战略没有为美国国家航空航天局省下半毛钱。让喷气推进实验室的工作人员知道如何操作我们的仪器并独自完成所有的测试仍会花费同样多的经费，实际上，会花费更多的经费。会这么做的唯一原因是我们被告知化学与摄像机仪器将不会再得到任何经费支持，但是如果是完成火星车所需的，那么喷气推进实验室可能仍会获得经费支持。

2008 年 3 月，喷气推进实验室的火星科学实验室有效载荷负责人想知道在经费有限的情况下我们实际上会如何完成化学与摄像机仪器。他们联系了一个专家小组，一起安排了一个审核日期。火星科学实验室最近宣布完成火星车将需要更多的经费，为了支付这笔经费，美国国家航空航天局威胁要削减仍在火星上执行任务的成功登陆的火星探测漫游者项目经费。在这样的背景下，我们召开了化学与摄像机仪器成本审核会议。审核小组组长是比尔·吉布森，他是斯特恩博士就职于美国国家航空航天局总部之前的上司。为了节省我们前往喷气推进实验室的行程开销，会议在洛斯阿拉莫斯国家实验室举行。

　　会议开始时，比尔质疑了我们是否有机会从美国国家航空航天局获得更多的经费，如果没有机会，那么此次成本审核是否有用。我们讨论了形势，但我们都知道在当前的管理下，美国国家航空航天局不会再给我们一分钱。我们提出了我们的成本计划，其中包括分文无剩勉强完成送交的防守措施。审核小组严厉地批评了这个计划，但在当前的情况下他们也没有更好的建议。审核小组说除非事情有所转变，否则我们的成功概率不到33.3%。换言之，他们认为我们的计划会失败。审核人员祝我们好运，然后离开了。

　　我们再次走到山穷水尽的地步。针对经费问题，我们已别无他法。我全心全意地祈祷情况有所好转。我压根不知道还要多久才能得救！

　　结果华盛顿这周发生了许多事。火星探测漫游者"双胞胎"可能被停止的消息引发了科学界的抗议浪潮。显然，斯特恩博士做得太过火了。第二天晚上，有传言说他将下台。我无法相信。然而，隔天官方宣布了斯特恩被罢职的决定。再隔天，我接到电话说美国国家航空航天局会为化学与摄像机仪器提供全部经费。形势开始有了好转。

　　在此期间，我们看到了又一艘飞往火星的航天器。凤凰号任务凭借承诺使用2001年被放弃的火星任务中已制造好的硬件击败了我们的火星勘测样本采集任务计划。凤凰号任务的目的地是火星冰冻的北部平原，最近科学家预测在该平原的一层薄土下蕴藏着大量的水冰。就在数年前，轨道中子和γ射线谱仪从轨道上看到了火星上水的信号，但以前从未执行过接触另一个星球的冰的任务。证明火星上有水将彻底改变我们对火星的了解，毕竟火星在20世纪90年代被认为是颗干燥的星球。

　　凤凰号火星车于2007年8月发射并于2008年5月着陆。化学与摄像机仪器的仪器科学家黛安娜·布兰妮也在凤凰号担任了重要角色，所以我能定期得知那项任务的进展。该任务成本相对较低，而且探测时期短，原因是出现极昼的北极夏天很短，很快进入秋天，然后进入冬天。温度会骤然跌至-93.3℃以下，因此太阳能电池板将无法再提供着陆器所需的电源。

　　凤凰号成功登陆后的前几天是非常令人兴奋的。减缓飞行器前进速度使其进行软着陆的制动火箭发现了火星表面下方的大片光滑白色物质——冰。由此，科学家肯定了火星北部平原土壤下蕴藏着大片冰原。科学家也就火星的土壤成分有了许多其他的发现。海盗号着陆器留下来的一个谜团也被解决了，因为凤凰号在土壤中发现的高氯酸盐能够解释20世纪70年代海盗号着陆器执行生命探测实验时得到的奇怪结果。在那次实验中，土壤变湿后会释放出氧气，这意味着生命体的存在。然而，现在由凤凰号发现的有毒的高氯酸盐也能释放出氧气。总体说来，凤凰号看似开了个好头。

然而，随着夏季的推移，规模较小的凤凰号团队面临着更多与软件和硬件有关的障碍，如果它没有受到那么多的成本限制，如果它能做更周全的准备，那么这些问题就能解决。美国国家航空航天局的一些高级官员，特别是那些在喷气推进实验室工作的，担心火星科学实验室可能走向和凤凰号同样的命运。

第十六章

火星车的发动机

这个想法有个好开头：建立一个项目，该项目可以在各任务中逐渐发展技术。火星科学实验室火星车就是打算带着增强能力的新技术特征成为火星探测漫游者"双胞胎"的延续者。

火星探测漫游者只是一个开始。这两部火星车有着和高尔夫球车一样的体积和重量，用自己从太阳获得的少量电源每天移动数英尺，使用其相对较小的仪器去拍照并偶尔进行测量。它们必须在一个宽约 20 英里，长约 80 英里的极大的平坦椭圆形区域着陆，因为它们的着陆程序相当不准确。这个区域必须尽可能没有石块和地质构造，科学家不知道这两部火星车会在哪里着陆，而且着陆表面越崎岖，着陆危险就越大。因此，用美国国家航空航天局的行话来说，工程师们正在寻找一个巨大的"停车场"目标。由于"停车场"太大，加上最多只能移动几英里远，这两部火星车显然无法碰触到最有趣的火星地形。

火星探测漫游者任务的计划者已经做出两个具体的进展以确保更具有趣的地形和可能更引起兴趣的科学研究：有能力着陆于一个更小的椭圆形地区；有能力移动更远的距离。这样一来火星车就能开出"停车场"去探索真正吸引人的地质情况。有了足够的研究，美国国家航空航天局可能会尝试一个有引导的进入操作，把椭圆形地区的宽降至约 12 英里。

为了保证火星车能在合理的时间内移动足够远的距离走出"停车场"，新的火星车将用放射性同位素热电机的形式使用核电。此热电机先放出热量再将其转成电能。这样的电池组自从 20 世纪 60 年代起已被应用于那些不能仅凭太阳能提供动力的航天器，其中包括 20 世纪 70 年代首批火星着陆器。在火星科学实验室使用放射性同位素热电机的决定使人想起火星探测漫游者之前的时代，那时科学家认为太阳能电池板在数月后会因为蒙尘而无法供应电力。原来，尘卷和阵风会定期清除火星探测漫游者太阳能电池板上的尘埃，使得太阳能电池板供应给双胞胎火星车的电力是预期的许多倍。不过，放射性同位素热电机提供的电力将比太阳能电池板多得多。

火星科学实验室还包括了其他特征，以期增加它的功能。美国国家航空航天局希望漫游者能够在南纬60°和北纬60°之间的地区着陆，并在这一纬度带能遇见的几乎所有温度下运行。在地球上，这就相当于在从撒哈拉大沙漠到格陵兰冰盖之间的任何地方考察。以前的火星着陆器只能被限制在靠近赤道附近的地区活动，这排除了近80%的潜在有趣着陆点。

这些新功能必须靠待开发的许多技术来支持。有些改变设计增加各种组件的尺寸，特别是进入、下降和着陆硬件的尺寸。每部在有大气层的其他星球表面着陆的探测器都需要一个返回舱和一个降落伞将探测器的星际巡航速度降至亚音速。火星科学实验室的降落伞和返回舱将是迄今为止最大的，比阿波罗登月计划载人任务中容纳3个宇航员的返回舱还大。在发展新返回舱的过程中，火星科学实验室的工程师担心他们无法增加火星探测漫游者的体积，也无法使用同样的隔热技术，所以他们最后不得不在半途切换方法——代价是高昂的成本冲击。

火星车体积也影响了另一个部分，导致其设计彻底改变，那个部分就是最终的着陆作业。火星的大气层厚度只有地球的1%，因此即使是一个非常大的降落伞，过快的下降速度也无法让降落伞使火星车成功降到地面。以前的火星车就在撞击面前部署了安全气囊，安全气囊快速充气撞击并反弹，直至能量耗尽。但安全气囊承受的重量是有限制的。工程师认为，重约400磅的火星探测漫游者有点接近该重量限制。而火星科学实验室的重量是火星探测漫游者的五倍。即使火星上的重力约为地球的一半，我们也不能指望与汽车同尺寸和同重量的火星车能借安全气囊弹开。

基于上述种种原因，所以新的火星车必须使用完全不同的着陆技术。制动火箭曾被用于其他一些火星航天器，尤其是海盗号和凤凰号，于是工程师构想了一个适合火星车顶部的制动火箭成套设备和雷达制导系统。但就火星科学实验室而言，工程师不想将这些系统永久性地装置在火星车上，所以他们想出了一个办法在半空中摆脱制动火箭成套设备。当火星车靠近火星表面时，它将从成套设备上靠电缆下降直至着陆。一旦火星车稳稳着陆，电缆将被切断，制动火箭就可以朝任何方向飞行，继而被抛弃。天空起重机起初是对该发明的命名。观看这一着陆画面真是太恐怖了！这真能起作用吗？尽管负责有效载荷的我们提出了一些质疑，但这一发展看似进行得很顺利。

放射性同位素热电机用它的余热也可以为火星车保温。这一点很重要，特别是如果火星车可能一直都在60°纬度地区。不会被这样的方式加热的部件是大多数火星车电动发动机所在的附体，即桅杆、机械臂和车轮。

每个车轮都有一个为它提供动力的发动机，6个车轮中有4个发动机驱动火星车。机械臂也有几个发动机用于驱动肩部、肘部和腕部以及它的一些设备，比如研磨钻和电刷。桅杆上有两个发动机：一个用于左右转动，一个用于上下转动。除此之外，火星车上还有天线电机发动机和一些用于一次性负责部署众多设备的发动机，这些设备包括车轮和桅杆，它们最初都处于关闭状态。

这些发动机必须在多冷的气温下运行呢？原来火星大气的低温有个极限。包含95%二氧化碳的大气在约−140℃（−220℉）时会开始冻成干冰，保证温度不会继续下降。因此发动机运行的最低温是火星上二氧化碳的冰点。

发动机的低温运行是一项新技术。必要时，火星探测漫游者会有相对较小的发动机。火星科学实验室上大量且较大的发动机共同构成了很大的个体，如果需要加热，那么该个体将需要许多电能，因此这些部件得在任何温度下运行。就在火星科学实验室起步之际，喷气推进实验室与制造火星探测漫游者发动机的公司签合同制造并开始在降至火星冰点的温度中测试发动机。经过了半年多的制造和测试后，对方告诉我们第一次测试已经失败；因此需要和该公司另签合同再次测试。然而，随后的几次测试也没成功。发动机总是坏了，失灵了。因此，2007年该项目选择了B计划，即使用传统的润滑剂并安装加热器。这意味着火星车不得不等到随后的火星冲日才能运行。除了电加热器之外，它还将借助太阳加热它的各个末端。

不幸的是，即使采取了B计划，发动机依然失灵。本来发动机最迟应该在2008年初夏送交给喷气推进实验室，但却没有按时提交。喷气推进实验室的各种机械组装现在都落后于计划，原因在于这些机械组装不可或缺的发动机尚未送交。随着夏季一天天过去，喷气推进实验室派更多的人去访问制造商。在夏季结束之际，情况看似相当严峻。

为了一个火星任务的成功，在最后的部件送交以及整个航天器被组装好之后，各部件必须经历许多成功的测试。其中有些测试必须在不同的设置中进行，包括火星车单独测试，还有把火星车装载在将其送上火星的航天器内进行测试，诸如此类。随后所有的硬件必须运到佛罗里达州的发射场，在那里许多设备将再次进行最后的一次测试，然后火星车才被装进航天器，最后开始倒计时。其间，任何系统的失败都会导致数天或数周的延迟。对于这样复杂的一个项目，组装完成和发射间隔的合理预期时间至少是一年。斯特恩博士仍执掌美国国家航空航天局太空探索时就有人开始谈论火星科学实验室任务可能会延迟。那时人们认为任务延迟是因为年度经费削减以及设备所需时间较长。然而，如果发射被延迟了，那么整体成本就将大大增加，因此这样的想法被搁置了。

火星任务的延迟不是随机事件。正如前面提到的，大约每27个月地球轨道会接近太阳，经过火星，此时地球和火星的距离为3000万至6000万英里。在火星冲日期间发射航天器可以使其在半年多一点的时间抵达火星。在其他时候，火星和地球之间的距离可能是1亿多英里，因此在这期间发射的航天器将需要更多的能量和时间才能抵达火星。如果火星科学实验室被推迟了，那么就必须推迟两年多，而不只是多出几周时间让大伙儿完成任务。延迟期间对这些系统的维护以及技术问题将花费一大笔钱。尽一切确保发射的正常进度是一个强大的诱因。

随着时间越来越紧迫，喷气推进实验室负责人回去向美国国家航空航天局申请一大笔经费以增加数百人参与该项目。美国国家航空航天局犹豫了，但很明显，长时间的延迟，发射成本将更高。不过真正的问题在于即使有了更多的工作人员，也不能确保该项目是否能够如期发射。以前，喷气推进实验室也挺过了难关，其中包括火星探测漫游者项目，那时两部航天器必须做好发射准备。因此所有人决定孤注一掷，但该项目的负责人认为如果最坏的事情发生了，在状况发生的第一时间他们一定会找美国国家航空航天局商量。

许多其他方面都在向前迈进。对公众来说一个重要的细节问题是火星车的命名。美国国家航空航天局有个传统，那就是在研发火星车的过程中征求火星车的通用名或技术名，但是当任务真正公布于世的时候，他们会找出能引起公众共鸣的有魅力的命名，公众的命名通常是在火星车发射前一年内某个时间确定。先前的两部火星车的技术名是火星探测漫游者，代号分别是MER-A和MER-B。不过，美国国家航空航天局举行的一场命名比赛选出了更令人兴奋的名字，分别是勇气号和机遇号。因此，距离新火星车的发射大约一年的时候，美国国家航空航天局举行了一场新的命名大赛。命名筛选的负责人是迪斯尼，以确保名字与人民群众产生共鸣。来自堪萨斯州的六年级学生马天琪从 9000 多名参赛选手中脱颖而出，以好奇号这一命名赢得了比赛。没错，在我们探索火星的时候，我们肯定会跟着我们的好奇号走！

与此同时，发动机测试仍在进行中。现在围着发动机测试转的喷气推进实验室工作人员和工厂里的员工一样多，这真是个令人沮丧的场面。接着，在 2008 年 11 月的最后一周，另一个发动机测试失败了。这些部件在短期内将无法送交。不出几天，美国国家航空航天局宣布推迟好奇号的发射。

这个消息令化学与摄像机仪器团队喜忧参半。因为我们已经将化学与摄像机仪器组装完毕，并送交，除了尚未进行最后一系列的测试。然而，化学与摄像机仪器本身也存在一些问题。我们的时间非常紧迫，我们知道我们需要用一些时间来进行更仔细的检查。化学与摄像机仪器团队感到压力重重，而且疲惫不堪。数月之中只有几天休息时间，我需要更平静的心情。但两年的延迟将会是一段很长的等待时间，在这期间可能会发生许多事。当好奇号最终能够发射时，即将退休的团队成员可能不和我们在一起了。总而言之，我们唯一能做的就是接受发射推迟的事实。

在发射推迟公布那周的某个晚上我外出散步。鞋子下的雪嘎吱作响，当我仰头望着夜空的时候，我可以看见自己呼出的白气。满天的星星闪闪发光。冬天的猎人星座猎户座已升起，夜空中最明亮的天狼星在地平线上闪烁着。银装素裹的山脉环绕着我们的小镇，山脉西边是三颗发光的星球。从地球的有利位置观看，金星、木星和新月交会。这是一副壮观的场面——这是四十多年来三个星球距离最近的交会。只有另一个星球可以像金星和木星那样明亮闪耀，那就是火星，但仅在火星冲日的时候火星才最亮。我知道那可能会发生，正如火星勘测样本采集决定公布后那样，在一年多以后就会发生。这是十多年来第一次没有航天器飞往我们附近的星球。

我走回家。圣诞节快到了，这一回我真的能休息了。

第十七章

完成化学与摄像机仪器

在发射延迟之后我们的团队能够享受一段休息时光，没有压力是件好事。但是我们的化学与摄像机仪器尚未完工。在发射推迟公布前后，我们发现化学与摄像机仪器存在几个问题。在送交前最后的几次测试中，我们发现当数据处理的电子元件处于－15℃（5℉）时，化学与摄像机仪器无法进行通信。尽管正常情况下火星车应该会为电子元件保温，但在特定的情况下最后的温度可能会比火星低。真正令人沮丧的事情是，就在两周前我们还在更低的温度下测试该电子元件，那时它并没有问题。此外，我们还注意到了另一个烦人的问题。虽然在光照充足时，比如接近我们击穿的岩石时，探测器能很好地记录信号，但是当岩石样本越来越远，数值突然完全变零，而不是随着距离变长而递减。

我们在相对较短的时间内处理好了低温通信问题。但这些探测器真的让我们很头疼。

起初我们毫无头绪，不知道问题出在哪。这是激光诱导击穿光谱技术的一个特征吗？不，虽然这个技术相对不够成熟，但我们知道我们应该看到微小的信号。数据肯定是丢失在某个地方，但具体是在哪个地方呢？是在电荷耦合器件探测器、在将电流转化为电子数值的电子元件还是在计算机存储器？我们很快就排除了在计算机存储器丢失的可能性。至少这个仪器"大脑"正常！因此只剩下两种可能性。我认为电荷耦合器件探测器不太可能会出问题。因为该探测器的卖家是一家信誉良好的公司，而且我们使用的不是一个探测器，而是三个探测器。看来三个探测器不太可能都出问题。因此，看起来最可能出问题的要么是转换器电子元件有问题要么是因为我们对探测器的操作不当。这两种情况看似都可能存在，因为我们的团队仍未具备操作这些设备的丰富经验。

我们面临的挑战是如何在不拆开仪器的情况下找出真正的原因。但是，在制造化学与摄像机仪器时我们并没有考虑到该如何拆卸。因为我们在设计时图简便，所以许多部件是粘在一起而不是用螺钉或螺母和螺栓牢牢固定住的。此外，随着时间的推移，化学与摄像机仪器也逐步演变。在某个地方已经增加了几个加热器，而这并不在原先的计划之中。这些加热器实际上是用环氧树脂胶合在一个接头处，我们必须打开这个接头拆开部件。但我们没有备用部件，所以如果我们毁损了一些部件，我们就会完蛋。这一切都是为了尽可能压低化学与摄像机仪器的成本产生的后果，现在推迟发射放大了这一后果。当然，现在我们非常后悔当初在设计时图简便。

因此，我们并没有试图打开设备，而是试图用一些"线路板"复制这一问题，所谓"线路板"就是用于工作台上制造并测试的早期组装的设备。奇怪的是，我们起初了解到我们的试验电路板没有问题。但这一了解根本帮不上什么忙。接着，我们在飞行仪器上做了一些测试，飞行仪器可以让我们看到电荷耦合器件传出的信号。不过，这些测试也没有得出什么结论。由于这个问题已经发生一段日子了，因此电子工程师拉夫认为探测器是问题所在。不过由于他没有这方面的证据，所以我也没非常认真地对待他的看法。我见过很多这样的情况，工程师会指责不是由自己负责的部件。因此对拉夫而言，最简单的就是指责不是他制造的探测器。

最终，我们的光学工程师史蒂夫·本德提出了一个很好的测试方法。他记得与那些我们已安装的探测器一起运来的一些备用探测器。飞行电荷耦合器件和备用探测器从工厂运到喷气推进实验室后还接受了测试。当这些探测器在喷气推进实验室接受测试时我们知道它们是完好无损的；至于备用探测器在被送到我们这儿之后就一直没被碰过，所以即使化学与摄像机仪器上的探测器出了什么问题，这些备用探测器应该也是完好无损的。

拉夫和史蒂夫到无菌室测试了备用探测器。瞧！没被动过的探测器竟然出现和飞行仪器相同的问题。现在我知道拉夫的看法是错的。但史蒂夫挺身为拉夫辩护。我所不知道的是，这些探测器并非完全从未被碰过。这些探测器一送到我们这儿，史蒂夫就对逐一对它们进行检查。他有一种直觉，这些检查程序可能已经对它们造成破坏。我还是不相信出问题的会是探测器。总之，在别人的想法被证明是愚蠢的想法之前，应和通常比用不同的想法说服对方更容易。因此我不介意拉夫和史蒂夫坚持他们的想法。毕竟发射被延迟了，我们有的是时间找出问题出在哪里。

我们和电荷耦合器件制造商的专家们开了几次会议。专家一致认为电荷耦合器件可能存在一种故障机制会导致我们所看到的症状，该制造商声称他们正在改变产品线令电荷耦合器件对静电放电或瞬态电压尖峰不太敏感。当新一批电荷耦合器件完工时，喷气推进实验室的专家飞到海外的制造工厂将这些电荷耦合器件手提携带至帕萨迪纳，然后带回我们的实验室。在不破坏加热器或化学与摄像机仪器任一部件的情况下，我们能够更换并重新校准电荷耦合器件。

探测器更换让我们有机会解决过去数年出现的另一个问题。好奇号火星车的设计出现了热失配。2004 年，早在选好好奇号的仪器之前，基本的设计早就在纸上被设计好了。在该设计中，火星车将在 50℃（122℉）至 -40℃（-40℉）这一温度范围执行任务。这一温度范围对大多数电路来说是不成问题的，特别是负责运转火星车的电路。然而，这一范围内较高的温度区间对几乎所有类型的探测器而言都太热了，导致它们无法工作。许多探测器依赖于各种类型的电荷耦合器件，商业摄像机使用的也是相同的电荷耦合器件。温度每上升 12℉，探测器的电子噪声就会增加一倍。那些可能会在炎热的沙漠环境中——比如某一炎热的火星日在凤凰号外拍摄——给较暗物体拍照的人也许会注意到这个问题。大部分的科学探测器被用于收集非常低的信号电平，这些探测器按某一程序运行，摄影爱好者也许能够接受其运行时的背景噪声，但噪声可能会导致重要资料全部丧失。更糟糕的是，太空中的辐射破坏会使噪声增加 50 倍及以上。为了把这一影响降到最低限度，科学仪器上的许多传感器都在摄氏零度以下工作，有时会在更低的温度中工作。

作为另一告诫，即使是在火星刮着大风的寒冬里，火星车也必须保持足够的温度使它携带的仪器免受极端低温的损害。设计师通过平常让火星车在热环境中运行弥补设计上的热失配。其结果是，制造出来的好奇号火星车无法很好地应付它将携带的科学仪器的较低温工作范围。

有效载荷团队采用了两种方法来处理这个问题。那些预算较多的仪器为其探测器设计了冷却器。这是一种愚蠢的做法，因为火星赤道上的温度在夏季最热的时候也只会上升到地球的室温，在火星上，即使是赤道的夜间气温也会陡降到地球最寒冷的北极气温。一个简单的密封冰袋就能使探测器在火星上保持低温。然而，火星车的放射性同位素热电机提供了很好的热源，但设计师并没有为这些仪器配备可用的冷源。

化学与摄像机仪器的预算不允许配有冷却器，因此当电荷耦合器件的温度相对较低时，化学与摄像机仪器就必须进行测量工作。其实，在我们了解火星车大部分时间将在热环境中工作之前，我们的化学与摄像机仪器早就取得很大进展。起初，我们简直不敢相信在一个寒冷的星球中，好奇号竟然要在高于室温的环境下工作。当工程师让我们认识到这一事实时，我们又遇到了另一个问题：火星车的发动机现在只在比原计划更高的温度中工作。这些发动机不得不等到随后温度较高的时候再工作。这给化学与摄像机仪器带来的结果是灾难性的。每个上午晚些时候当桅杆的发动机温度暖到足以让化学与摄像机仪器指向某一岩石时，化学与摄像机仪器的探测器将会因为温度太高而无法进行有用的测量！

为了了解这个问题，工程师们画了彩色编码图表明一天之中桅杆可以为激光器指明目标的时间，以及探测器可以进行有效测量的时间。彩色编码图上重合的时间就是化学与摄像机仪器的工作时间。但编码图完成之后，工程师发现这些根本就没有重合的时间！一天中根本没有化学与摄像机仪器可工作的时间。化学与摄像机仪器一年四季都无法在火星上工作。在每个季节，两者的工作时间离得很近，但却从未有重合之处。工程师在一次项目执行会议中展示了彩色编码图，负责人盯着图看了一会儿之后都边摇头边笑。没有人能做出比这更混乱的设计了。我们知道这一问题必须解决，否则我们的仪器将徒有其重。

发射时间仍定于2009年，某一小团队尽己所能消极地在冷却探测器。化学与摄像机仪器的主体部件，也就是传感器所在的位置，就在火星车某一外壁旁边。这个外壁不会像仪器那样被保温，所以它可能是冷源。对此有两种选择，一是将导电铜带连接到外壳，二是通过一个缺口将热辐射到外壳上。工程师决定排除第一种选择，因为当太阳照射在外壳上，导电铜带将会迅速升温。但我们只能选择使用导电铜带：将火星车的内壳以及装载传感器的电子盒都涂成黑色，这样一来它们就能散热，而且电子盒被放在绝缘底部，因此从火星车获得的热量较少。这些措施解决了部分问题，但我们每天只有半小时保证化学与摄像机仪器良好运行，这不足以做完我们想做的所有事情。

既然现在发射时间已经推迟了，那么我们必须更换探测器，我们决定给它加个冷却器。喷气推进实验室将设计并制造半导体致冷器。毕竟，发射的推迟导致喷气推进实验室尝到"失业"的苦涩。对一个实验室而言，为其他人的仪器制造附加装置可能是件棘手的事，特别是这个附加装置还要被用于改进一个已经制造好的需要小心处理的仪器。喷气推进实验室的工程师只剩几个月的时间就必须完成整个任务。但喷气推进实验室有效载荷负责人埃德·米勒组织的团队在规定的预算和时间内圆满完成了这一任务。工程师在2010年初就把这个半导体致冷器送交到我们手上。安装好之后，我们对半导体致冷器进行了热测试，温度曲线图与喷气推进实验室模型的匹配度极高，因此很难分辨出图上哪一条是模型的曲线，哪一条是测试结果的曲线。这一改进以及新的探测器让我们对发射延迟心怀感激。

但我们仍有一些问题待解决。早些时候我们就遇到了"多路分配器"（或称光解多路复用器）方面的困难，这种分配器就是一个盒子，它接收来自望远镜的光线，并将光线分成不同的色带，然后把这些色带提供给光谱仪。在机械压力测试中，光学部件都没问题，但底座似乎被移动了。因此我们决定利用发射延迟的时间重新设计"多路分配器"。新的发射时间定于2009年，我们也订购了光学部件，这时埃德·米勒认为找人来详检透镜是个好主意。我们原本用的是个很简单的光学设计，目的是压低成本。许多工程师都知道KISS（Keep It Simple，Stupid）缩写的含义并以此为生活准则：越简单越好！现在喷气推进实验室的光学仪器制造技师详检了设计，认为通过使用更精密的透镜我们可以做出一些改进。由于这一帮助是免费的，所以我们决定接受。主要问题在于新透镜的到达时间将比我们所预期的晚一个月，这跟不上其他进度。我们认定一个月的等待是值得的。但事后看来，我们应该遵循越简单越好的原则。

透镜在二月中旬送达，到三月初我们已经将它们安装好并重组和重新连接多路分配器。目前该部件的一个部分是洛斯阿拉莫斯国家实验室设计的透镜，另一部分是喷气推进实验室设计的透镜。我们的工程师正开始一连串的环境测试——"震动和烘烤"这一组合体。这次震动测试进展顺利，但是当我们在预期的飞行温度中对化学与摄像机仪器进行测试时，我们发现了一些很奇怪的现象。输出的颜色在改变：在某一温度时更蓝，在另一极端温度时更红。冷热之间的色差将近两倍。化学与摄像机仪器依赖于一个绝对稳定的输出，否则它将会鉴定错火星上的岩石。我们暂停一切进展，并开始一长串的测试找出问题出在哪里。我们再次面临着不知道问题出在哪里的窘境：是我们的探测器（又来了!）？还是光谱仪？或者是重新制造的多路分配器？如果这是个光学问题，那么是哪个透镜或是反射镜造成的？这一次我们还是不想拆开仪器找问题。

挣扎了一段时间之后，我们将光谱仪从多路分配器中分离出来，并能够指出问题出现在多路分配器，因此我们将注意力集中在多路分配器里的光学部件。喷气推进实验室的对手立刻怀疑是洛斯阿拉莫斯国家实验室制造的透镜出了问题，然而在安装喷气推进实验室设计的透镜之前我们并没发现透镜存在问题。他们的想法是因为我们用的组件比他们用的便宜。他们建议从多路分配器中拆下我们设计的透镜，把透镜送到喷气推进实验室进行测试。但史蒂夫做了一件他可不能做的事：他拆下喷气推进实验室刚送来的透镜，并用显微镜对其进行检查。他的观察似乎说明了问题：这一双合透镜的边缘似乎是分层的，即存在分离。我们立即报告这一发现。这是个有点令人吃惊的坏消息，因为其他重新设计的镜头之一也是一个双合透镜。我们不知道那个双合透镜是否也有问题。

我们停下手头的工作，直到我们能确定其他透镜是否也需要被替换。与此同时，专家们着手在找问题透镜的原因出在哪。我们在等待结果，这是件好事，因为这两个模拟和测试表明最初的判断是没问题的。看来玻璃本身对温度就很敏感。喷气推进实验室的其他透镜是由另一种类型的玻璃制成的，所以我们不必换掉它。

在此期间，光学工程师提出了另一种透镜设计来替代出问题的透镜。这一方法更简单，但这仍是原透镜的改进。我们等了大约五周，等完成透镜的购买、制作和交付事宜。此时，我们的时间并不多：在我们必须送交化学与摄像机仪器并将其安装在火星车上之前我们没有更多时间了。当镜头送交的那天，我们迅速将其安装好，史蒂夫便开始单调乏味的校准工作。实验室里的灯都关了，这样就不会有杂散光，只有校准灯发出的光。在这种环境中史蒂夫更喜欢单独工作。我们让他一个人独自工作了8小时。史蒂夫很可靠，而且有敏锐的洞察力，没把事情做好他绝不会停工。我们认为那天他工作到很晚肯定会完工。我们错了。他已经工作两天了。我们越来越焦急，但有些地方看似仍有问题。史蒂夫并没取得预期的改进。同时，光学仪器制造技师检查了史蒂夫的笔记和计算，仍旧没有发现任何问题。但史蒂夫仍然想争取更多的时间。经过一番协商，我们同意再多给他一天时间。但，一天又过了，多路分配器比安装了原透镜的情况更糟。

我们必须前进。喷气推进实验室不得不立即将部分化学与摄像机仪器安装在火星车上。我们很快完成了校准并将透镜送到喷气推进实验室，它将在那里准备好被安装。然而，史蒂夫一点也不开心。他坚信原透镜比替代透镜好。我不想改变最终校准中使用的配置。但当我不在的时候，史蒂夫打开化学与摄像机仪器并换下透镜。果然，原透镜能多发出20%的光。我们应该遵循"越简单越好"这一原则的教训，让事情变得简单！

最终校准结束之后，我们装好透镜，并对其进行最终校准和压力测试。我们搞定了！接下来的部分会更有趣，而且是个大改变——为好奇号装备激光枪，然后欣赏火星车测试。

第十八章

登上火星车

交件审核日终于到了。六年前在该项目伊始之际我们就一直期待着这一天的到来。这是所有人花大功夫制造化学与摄像机仪器的结果。在这段时间，团队成员来了又走，宝宝出生了，孩子们长大了，政治和社会发生了变化，但没有新的火星车访问过火星。

化学与摄像机仪器审核于 2010 年 7 月下旬举行。来自法国和喷气推进实验室的许多项目成员已到此对最终产品进行审核，确保它已做好被安装在火星车上的准备。和往常一样，某处出了问题。我们的秘书打电话说她赶不过来会场了，她本应该负责为参与审核的来客提供临时徽章。她住在里奥格兰德河谷，她邻居的一群奶牛跑出来了，她必须帮忙把这些奶牛赶回牛栏。这对于我们期待已久的审核会议只是一个小小的不便。一旦所有来客都拿到了自己的徽章，我们便可以开始会议。除此之外，这是平静的一天。听说化学与摄像机仪器的工作性能良好，而且美国国家航空航天局祝贺我们完成了化学与摄像机仪器的制造，这让我们的团队很兴奋。我们等了非常久，终于听到这些贺词了！

总而言之，化学与摄像机仪器确实表现良好。有很多次，计划书中的描述结果都很难被制造出来。就化学与摄像机仪器而言，我们以激光诱导击穿光谱仪为出发点，在计划过程中我们增加了一个高分辨率的成像仪器。有好几次，我们就是否真的需要远程微成像仪进行讨论。对法国团队制造的桅杆部件来说，他们难以平衡激光诱导击穿光谱仪的光学需要和远程微成像仪功能。最后，我们也很高兴我们保留了远程微成像仪，因为它证明了它在火星上的价值。在激光诱导击穿光谱仪方面，平衡意味着化学与摄像机仪器最终要用 14 毫焦耳的能量对准目标物，虽然这略小于我们的希望值，但在 7 米（23 英尺）的距离我们仍然能够精准地鉴定岩石成分。我们还在学习提高激光诱导击穿光谱技术的准确性。化学与摄像机仪器总是无法比阿尔法粒子－X 射线光谱仪精准，因为鉴定的距离太远而且光束太小，发射到目标物上的光束不到 1 毫米，但总的来说，我们离目标的实现很近了。

化学与摄像机仪器的总成本和预算的 1500 万美元几乎分毫不差，其中并没算上法国的贡献和喷气推进实验室的帮助；发射推迟以及化学与摄像机仪器在推迟期间做出的改动花了最后的 300 万美元。化学与摄像机仪器的成本只是整个好奇号火星车任务的一小部分，远远不足总成本的 1%。在发射延迟期间和过后，有些记者一直认为我们的仪器已导致任务超支数亿美元。不过，一旦一位新的美国国家航空航天局局长上任后，我们就能澄清这一报道。

总体而言，好奇号任务最终斥资近 25 亿美元，其中延迟发射花费了 4 亿美元。相比之下，火星漫游探测者任务斥资约 8.5 亿，不算上通货膨胀。然而，对土星系及其光环与众多卫星进行深入考察的卡西尼号花费更多，卡西尼号斥资约 32.6 亿美元，其中包括其他国家的贡献，但不算上期间十年的通货膨胀。我喜欢说好奇号花了所有美国人一张电影票的钱。大伙儿这钱花得值！

化学与摄像机仪器的送交审核结束了，于是要开始将它安装在火星车上。激光器已经被送到喷气推进实验室，而且审核后不到一周它就被安装到桅杆上了。八月，被指定安置在车里的光谱仪和数据部件被联邦快递"白手套服务"卡车用专车运送出去。九月，火星车被翻过身，化学与摄像机仪器的最后一个部件是从火星车底部安装的。软件命令被开发用于与仪器进行通信，这些命令在一个模拟部件内接受了测试。到了十月，我们准备测试实物。为了这一测试，法国和洛斯阿拉莫斯国家实验室的工程师聚集在帕萨迪纳。我们拍到周末的两个班次，周末测试时周围没有人，这样激光器就不会不小心伤到人。

周六上午 7 点，南加州的圣盖博谷上方有一层厚厚的海洋云层，阳光缓缓洒落在道路和汽车上。这座城市在半明半暗中慵懒地醒来。我从位于老 66 号公路某一酒店驱车前往喷气推进实验室。在实验室外面看，这里几乎空无一人。贝蒂娜·帕丽芙让我到航天器组装中心的控制室，控制室就在安放火星车的组装区一侧。低矮的控制室排着电子机架，风扇嗡嗡作响。这些风扇立在摆放着一排排电脑屏幕的桌子之间。工作人员都戴着耳机，有个扬声器会放出来自组装中心的说话声。在风扇运转的嗡嗡声中，我们隐约能听到火星车命令和对话。沿着控制室的一边，可以透过一排长长的窗口看见组装中心。针对今天测试工作的需要，窗口被盖上了一层厚厚的黑色面料作为对激光束的预防措施。窗口上方有几处分别安装了宽荧幕，播放组装中心内的活动实况。

从监视器上我可以看到有些人从头到脚穿着白色的洁净室服装。他们已经戴上了激光护目用具：深色镜框的白色大护目镜。总体上，工作人员就像《星球大战》里的帝国风暴兵。我在背景中看到一个巨大的圆锥形物体，那肯定是返回舱，它被倒转在一个固定装置上。组装中心的另一个方向放着笨重的机械装置，上面装着油箱、软管、火箭喷管和支撑支架。这个机械装置就是制动火箭成套设备，被亲切地称为 EDL 系统（进入—下降—着陆），也被称为天空起重机，当它吊着火星车着陆时，它自己会悬停在火星表面上空。画面前景是个配备金属支架的白色大盒子，上面布满电缆和连接器。这个大盒子看起来完全不像火星车，但它的确是好奇号，是安放在大展台上的好奇号，只不过拆下了它的铝钛轮子。在本周早些时候当它被倒放安装之后，车子才反转右侧朝上。6 英尺长的机械臂被断开，放在组装中心另一个角落的固定装置上。固定住化学与摄像机仪器激光的桅杆置放在火星车甲板上，在开始激光程序之前我们必须先将桅杆升起。

正当我们看着组装中心内的活动，穿着白色服装的工作人员拉开测尺测量桅杆平衡环到工程师设定的目标物地点之间的距离。当目标物处在一高大三脚架上高于视线水平的适当位置后，其后面将升起一道大的激光黑色屏障。六名工作人员在一旁待命准备升起桅杆。操作员在新启动顺序中受到了一些故障的阻碍。史蒂夫·本德及其法国同事亚历克西·佩莱稍作休息，脱下白色服装，走到外面来见我们。我一边和他们聊着这些实验，一边递给他们奥利奥饼干。

我们要在一天 16 小时内完成 277 页的程序，起初我们操作得有点慢。到了中午，我们能够看到火星车升起桅杆并指着正确的方向。到了下午三点左右，我们调节望远镜的焦距并准备发射激光。人们拿着相机站在监视器周围准备拍下火星车发射出的第一道激光。西尔维斯特从法国打电话过来，法国时间比美国迟 9 小时，所以他那边现在已经过了星期天子夜。当我听到大洋彼岸西尔维斯特的声音时，我能想象此时此刻法国南部安静的居住区，除了他，每个人都睡得很香。西尔维斯特想看到第一张照片。

命令火星车拍下激光击穿目标物的照片之后，我们必须用特殊的灯检查仪器的敏感性。我们关掉所有的灯，然后打开球形照明器。随后的一个小时，我们对黑暗中的火星车发出命令。

这些测试一直持续到晚上。第一班的工作人员已经渐渐撤离，剩下的人更加安静、更加缓慢。和时钟的走动相比，我们的进展很慢，我们想看看在晚上11:30到来之前能完成多少工作量，但显然我们现在的速度比中午还慢。电子机架上嗡嗡作响的风扇试图哄我们入睡。我们尽量克制睡意。两个半小时过去了，我们的团队在校准程序中卡住了。校准传感器找不到激光束的最佳切入点，因为我们戴着护目镜，所以看不到这个点。时钟一点一点在前进。我们竭尽全力并收集好数据以供日后分析。11:30到了，过了。余下的部分只能明天再做了。

我们进展缓慢，但我们肯定检查了仪器的各个方面。火星车团队尽力使十样仪器都被安装好，这是一个断断续续的过程。对于我们来说，这起初令人极度激动的活动，随后是数周的无动静，可以让我们为下一次激动做准备。

冬天到了，走了，春天来了。好奇号进入了一个关键阶段，它本身的震动和烘烤测试即将开始。很少有航天器会装载和好奇号一样多的科学仪器。如果好奇号的一部分或者它的实验成套设备出现任何失败，那么情况将很严重。偶尔我们会讨论如果有部件需要打开修理，那么可能会发生什么事。有问题的仪器必须被送回它的生产机构，而且将会出现以下任一情况：修好仪器，这样它可以在发射台上与火星车重聚；如果这个仪器残损严重，那么火星车只能抛下该仪器。

通常情况下，当我们让一个仪器接受震动测试——即"震动和烘烤"测试中的震动部分——每三个轴测试过后我们就会开始震动测试，这样我们就可以看震动测试是否失败，如果失败了，那么我们可以查看是何原因。在测试结束时检查仪器的全部功能是另一个重要步骤。然而，火星车领导小组认为在震动测试期间甚至是在震动测试结束之后检查所有的仪器将会耗费很长时间，因此好奇号将不经检查直接进入下一个活动阶段。对此，我们有点担心。

燃烧室是一个大的圆形结构，直径约25英尺，其所在的建筑就在喷气推进实验室坐落的山坡顶部旁边。燃烧室外壁满是金属管，这些金属管用于在 $-195℃$（$-320℉$）的环境中运载液氮以模拟外太空，同样燃烧室也有加热器用于模拟太阳系中的温暖区域。火星车被放在燃烧室间，燃烧室各处放着供激光射穿的岩石目标物。当一切准备就绪便关上燃烧室的门，抽走里面的空气。燃烧室内，安装上机械臂和桅杆的好奇号处于我们希望它在火星上着陆时所在的位置。第一个活动是引爆火药来部署桅杆。这一直是我们的团队担忧的一个活动。因为爆炸螺栓可能有足够的威力炸碎化学与摄像机仪器的望远镜的镜片。在项目初期，工程师们就估计爆炸螺栓对化学与摄像机仪器的冲击尤为严重。后来他们降低了冲击的严重程度，但我们仍对此感到担忧。这是我们第一次真正的测试。一旦被引爆，化学与摄像机仪器就将拍照并用激光击穿校准目标。

终于，化学与摄像机仪器从火星车传回了第一份数据。当清晰的图像传送回来，随后激光诱导击穿光谱仪显示了岩石目标的元素，我们大大松了口气。对化学与摄像机仪器而言，一切都进展顺利，震动测试和爆炸螺栓的冲击都没问题。2011 年 3 月大部分时间，随着热测试——"烘烤"部分的进展，我们了解到其他 9 样仪器的进展也很顺利。只有机械臂上的一条电缆出现了轻微短路，这一问题很容易解决。至今为止，好奇号是个真正的成功。

测试结束后，火星车被送回组装中心。媒体人员被允许穿上白色服装到里面目睹这六轮火星车奇迹。数周之后，好奇号将被送往卡纳维拉尔角。在卡纳维拉尔角，好奇号将装上它的核动力装置放射性同位素热电机。每台仪器以及重要的系统——机械臂、移动系统和天线——将受到安装了的放射性装置的短时间测试。随后该放射性装置将被撤走，火星车将被折叠并进入将其降至火星表面的"进入—下降—着陆"阶段。火星车在"进入—下降—着陆"阶段需要加燃料，最后一次检查将在成套设备安装到航天舱之前进行。放射性同位素热电机将通过一个开口被重新安装到航天舱内。最后，整个好奇号火星车将被安装在有效载荷整流罩的火箭第二节，有效载荷整流罩即火箭前端锥形体。登上火星之旅即将开始。

第三部分

好奇号

第十九章

一起飞

比起 2003 年在很大程度上是由一个人领导的火星探测漫游者双胞胎，好奇号是由一个各仪器负责人组合而成的团队来领导。在火星探测漫游者任务中，史蒂夫·斯奎尔斯挑选了他想要的仪器并写了自己的计划书。在好奇号任务中，每个仪器的负责人写了各自的计划书。2004年末，筛选结果公布的那天，我们得知将一起登上火星的成员——我们的"同船水手"。

我第一次进入该领导圈是在 2005 年年初的好奇号项目启动会上。为了将与家人相处的时间最大化，我特意安排了紧密的行程，所以那次会议我晚到了。当我走进所有人都聚在一起的帕萨迪纳酒店宴会厅，我可以感受到兴奋的气氛。宴会厅里满是来自喷气推进实验室的工程师以及来自各地的火星科学家。穿过聚在门口的人群，我在后排找了个座位坐下，然后和往常一样打开我的笔记本电脑。正当我开始做笔记，我注意到有人正设法引起我的注意。他挤过人群走到我这里告诉我，我必须坐在会议室的前排，我的座位就在长桌上放有我名片的那个位置。显然，我还没习惯这一身份。随后我静静走到会议室前排，然后找到我在前排的位置。坐在我两边的新同事都和我打了招呼。

和我坐同一桌的是其他好奇号八台仪器的负责人。这是新的火星俱乐部，而我现在是其中的一员。我对所有成员都略知一二，但我们从未一起工作。看起来我好像是这个俱乐部里最年轻的成员。

位置离我最远的是迈克·马林，他是一位成像仪器专家，也是仪器负责人小组中最年长的。迈克·马林早期在喷气推进实验室从事相机工作，最终他搬到了圣地亚哥，并在那里成功创办了自己的航天器相机制造公司。如果说有人了解火星，那么这个人就是迈克。在1996～2005年期间，他的相机已经拍了数百万张航天器从发射到在火星着陆的照片，而且迈克肯定都看过每一张照片。他对火星每一平方英尺的了解看起来就像了解自家后院那般。在他参与的任何项目中迈克都自信满满地提出建议。

坐在迈克旁边的是肯·艾迪戈特，他是迈克在马林太空科学系统公司的同事。两人已合作十年，这次他们共同负责好奇号的三台科学相机：一台被称为桅杆相机的立体成像仪、一台被称为火星手持透镜成像仪的手臂式显微镜相机，还有一台是当火星车接近火星地面时拍快照的火星降落成像仪。肯对火星的了解几乎与迈克差不多，然而他的风格比迈克略圆滑。这两人都很有商业头脑。当他们得知化学与摄像机仪器会获得比桅杆相机更清晰的图像，他们改变设计就为了击败我们。不过，我们不介意。来自圣地亚哥的迈克和肯都戴着金丝眼镜。迈克又矮又胖，肯更高更老派。他俩都蓄着科学界流行的胡子样式。肯看起来几乎和迈克一模一样，只不过比迈克稍高一点。

肯的另一边坐的是来自马里兰州戈达德航天中心的保罗·马哈菲。保罗是火星方面的新手，但他是太空方面的老将。他在艾奥瓦州毕业后就进了戈达德航天中心。一进戈达德，他便在哈索·尼曼手下工作。哈索可称得上是太空方面的长老，他曾经制造了探索金星、木星和土卫六的大气层的传感器，他几乎为探索太阳系的所有大气层都做了贡献。保罗一看就像是个科学家，蓄着花白胡子，蓝眼睛，头发微卷，身着一件微皱的衬衫。他非常和善，和人们印象中的这种权威人士的形象相差很大。这也许是因为他从小生活在埃塞俄比亚，看着他的父母照顾弱势的人。保罗负责好奇号最大的仪器，即一组探测火星岩石和大气中的气体和有机材料的探测器。这组探测器被简单地命名为"火星样品分析仪"，这组仪器将真正地寻找地球的寒冷的邻居火星上的生命。火星样品分析仪将会是个惊人的仪器，它重40千克（90磅），包含52个微型阀门、无数的微型气体管线、一个每分钟旋转10万次的涡轮分子泵、一个能够将样本加热至1100℃（＞2000℉）的烤箱、74个装样本的杯子、一台气相色谱分析仪、一台四极杆质谱仪、一台能够探测甲烷含量的激光质谱仪，敏感度达十亿分之一。正如我们所知的那样，火星样品分析仪是重要的生命追踪仪器。

戴维·布莱克补全了我们这张桌子的胡子脸。除了八字须以及比保罗更蓝的眼睛，戴维看起来就像个可能会在加利福尼亚州海滩上看到的人。戴维向来低调，他住在旧金山湾区，就职于美国国家航空航天局艾姆斯研究中心。他加入该小组之前没有航天器仪器相关的经验，但他拥有最长的试图进入太空事业的历史。他发明的化学与矿物学分析仪是所有矿物学家的梦想——这是一种 X 射线衍射仪器。在飞往其他星球的每一个任务中，科学家一直在测量元素或化学成分，但他们尚未使用设备在现场研究矿物。因此，尽管以前的着陆器和探测器可以检测到硅，但它们却无法识别硅出自石英还是蛋白石，石英是岩浆长期演化的产物，蛋白石是水在岩石表面相互作用的产物。化学与矿物学分析仪可以很容易地区分石英和蛋白石。但以前的太空任务没有此类矿物分析仪器并不是因为缺少尝试。自阿波罗登月计划起，科学家已设想过并部分发展了便携式 X 射线衍射仪，但这些仪器从未成功登上航天器。火星探测漫游者勇气号和机遇号本来应该装载一台不同类型的矿物分析仪器，即拉曼光谱仪，但这一仪器被取消了。现在，戴维为矿物界高举旗帜进军火星探索。戴维的仪器将在喷气推进实验室制造，不在艾姆斯研究中心制造。这正合戴维的意。他后来说到起初他尽可能多地前往喷气推进实验室以确保化学与矿物学分析仪一切都好，但过了一段时间，他意识到，喷气推进实验室真的不想要他来干涉。喷气推进实验室造出了极好的化学与矿物学分析仪，戴维可以自由地去追求其他的东西，比如被北极圈内的北极熊追赶。当仪器团队正在为无数的细节埋头苦干时，戴维和其他几个同事写了一份计划书，计划在斯瓦尔巴德群岛进行实地考察，这些群岛比冰岛以及拉普兰德的北海岸更靠近北极。美国国家航空航天局批准了这项计划，连续几个夏天他们都带着便携式仪器前往斯瓦尔巴德群岛。回来后，戴维和他的朋友们讲述饥饿的食人北极熊踩着浮冰来到斯瓦尔巴德群岛，以及他们抵抗北极熊的故事，我们都听得津津有味。

有一回，戴维·布莱克生病了，我的另一位同事戴维·范尼曼被喊去与他共同负责化学与矿物学分析仪。与我同单位的戴维·范尼曼和戴维·布莱克合作研究 X 射线衍射仪原理已经十年多了。范尼曼也是个土生土长的南加州人。他的家族在南加州有着悠久的历史，从他家餐厅的照片就可以看出，现在的好莱坞和藤街一带从前布满田野的样子。照片上的人用马给小麦脱粒。戴维·范尼曼本身是在西米谷的佃农农场长大的。他成长过程中的某些地方与我有共同之处。他曾与救难组织门诺中央委员会一起到非洲挖井和教书。作为来自门诺派社区的人，我一直期待自己也能从事这样的工作，但我从未实现这个想法。从非洲回来后，范尼曼结束了他的挖井职业生涯，不再像之前那样提供水，而是去研究洛斯阿拉莫斯国家实验室下面的地质以了解污染物在地下水中的流动和扩散。因此，范尼曼了解洛斯阿拉莫斯各处以及许多地方的岩石类型。

此外，我们这张桌子上还有几个人代理的是其他国家提供的仪器。来自俄罗斯的伊戈尔·米特罗法诺夫就坐在我旁边。根据美俄两国宇航局局长之间的一项协议，米特罗法诺夫代理一台俄罗斯中子谱仪。米特罗法诺夫博士看起来是个国际政治专家，就好比他在好奇号任务中的仪器并不是第一次这样的安排。本来，中子谱仪已经被用于核武器工业中，也被用于擅长该技术的苏联基地和美国武器实验室中。

在洛斯阿拉莫斯，我们的航天器仪器研究小组成员为自己曾发射第一台用于行星科学的中子谱仪而自豪，这台中子谱仪在月球两极发现了冰。然而，随后美国国家航空航天局和伊戈尔·米特罗法诺夫的国际协议使他们接连无法参与两项任务。在第一个任务中，美国国家航空航天局不得不解救俄罗斯，因为俄罗斯没有足够的经费来完成该项目。因此，当美国国家航空航天局接受了俄罗斯给予好奇号的"礼物"时，我的同事们都很愤怒，他们预计美国国家航空航天局最终将不得不再次帮助俄罗斯摆脱困境。我在洛斯阿拉莫斯国家实验室那些曾致力于开发太空中子谱仪的朋友们看到他们在这方面的事业毫无盼头，最终他们离开了洛斯阿拉莫斯去从事其他研究。结果，这一次俄罗斯不需要美国的救助。

西班牙航天局的代表也在这张桌子上，他领导一个建设火星气象站的团队。该仪器代表着西班牙对空间科学兴趣的觉醒，西班牙在接下来数年将举办大型科学会议并赞助新仪器。哈维尔·戈麦斯-埃尔维拉最终将负责这个仪器的研制。

拉夫·盖勒特以前在德国美因茨马克斯·普朗克化学研究所工作，他负责的是安装在火星车机械臂上的阿尔法粒子X射线分光计。阿尔法粒子X射线分光计是德国对探路者和火星探测漫游者的贡献。然而，一个有趣的转折出现了，德国拒绝支持美国的另一次阿尔法粒子X射线分光计实验。不过，加拿大政府一直想要参与其中，因此拉夫离开欧洲并加入加拿大国籍，他为自己组织了一支加拿大团队以实现理想。

最后一位仪器负责人是来自科罗拉多州的博尔德唐·哈斯勒，他是一位温文尔雅的科学家，显然，他颠覆了人们心目中古怪刻板的科学家印象。他负责的是美国国家航空航天局人类探索部门赞助的辐射监测仪，以帮助确定未来宇航员前往火星的危害。

除了仪器负责人小组，前排还坐着一个管理所有仪器负责人的人。喷气推进实验室为该项目的科学负责人，即"项目科学家"，配备了一间办公室。"项目科学家"起初是由一位喷气推进实验室官员担任，我们知道这位官员在好奇号发射之前就会退休。大约在投入好奇号项目工作一年后，我突然接到来自埃德·斯托尔珀教授的电话，当我在加州理工学院工作时，埃德·斯托尔珀教授是该学院地质学系的主任。那时，我是一名年轻的科学工作者，我很尊重他，但他大我很多岁，所以我认为自己很难让他有印象。我仍处于接到他来电的极度惊吓中，所以在一阵尴尬的沉默过后，我不但没向他问好，反倒脱口而出："一道来自我过去生活的声音！"话筒里传来同样令人尴尬的回应："这将成为你未来生活里的声音！"

埃德接着告诉我他已被任命为新的好奇号项目科学家。他在这个位置只待了几年就离职了。当加州理工学院打电话给他让他当教务长时，他辞掉了项目科学家一职。所以，这一职位由加州理工学院另一名能力很强的地质学教授约翰·格勒青格继任。由于约翰一直待在火星探测漫游者科学团队里，所以他已经有了关于火星的直接体验。约翰既是一位非常平易近人的领导者也是个很好的老师，他会抓住每个细节充分展现地质学的迷人细节。在约翰有力量的指挥下参与实地考察和会议是一件乐事。

随着时间的流逝，好奇号各负责人更好地了解了彼此。我们知道，我们的命运拴在一起。如果该项目被取消或者航天器撞毁，我们都会失去拜访火星的机会。因此，我们相互支持。当斯特恩博士试图取消化学与摄像机仪器时，是这个核心圈子挽救了它。我们一起挺过了其他一些困难时期，但大部分时候我们带领着各自的仪器团队一起工作。

在所有仪器完成很久之前，整个火星科学实验室团队都参加了一个小组锻炼。2007 年，我们开始了一个名为"慢动作现场测试"的活动，目的是为了让所有人都熟悉可用于好奇号的新技术，并熟悉我们如何联合使用这些技术来确定着陆点的地质，也可能是生物学。我们会假想还没制造出来的好奇号就在地球上某个不知名的位置。我们每个月只执行一次假想操作活动，故名为"慢动作"。

在第一个火星日，整个团队只有图片可查看。我们得到一个卫星图像显示整体的地形以及全景，因此我们可以看到火星的环境。利用这些图片，团队将决定随后几个火星日要将火星车发送到哪里，并决定火星车的"工具包"应该进行什么类型的分析。在做出随后几个火星日的计划后，喷气推进实验室科学办公室每个月会发送"火星车"，然后一位名叫拉尔夫·美利肯的地质学家会根据团队"发送"火星车的地点拍摄新的照片。

拉尔夫还负责收集具有代表性的岩石和土壤样本，并将它们邮寄到各实验室。那些正在被制造用于好奇号一样的仪器随后会分析这些样本并为团队提供数据。为了确保没人作弊，活动组织者会让那些与好奇号无关的人操作仪器进行分析并让他们把数据送到喷气推进实验室。因为活动组织者从未处理过激光诱导击穿光谱仪激光器，他们对化学与摄像机仪器感到特别好奇，而且他们都有点怀疑化学与摄像机仪器可能没有达到我们所声称的性能。这是我们证明自己的时刻了。

我对已经做好接受测试的准备根本没把握。这离项目开始之后只有两年，我们正忙着处理设计和建造细节的问题。我们并没有把太多的心思放在实验室获得准确结果上面。2004 年，在激光器事故和实验室关闭后，山姆·克莱格承担了分析工作的责任。虽然山姆是一个优秀的科学家，但他在完全没有激光诱导击穿光谱仪经验的情况下就开始了分析工作。对于学习新技术的所有复杂性而言，两年是很短的一段时间，因此更谈不上要了解火星的地质。此外，他只是兼职化学与摄像机仪器的工作。

火星上主要的岩石类型是火山玄武石，这很像地球海洋里的岩石类型。除了 2003 年的机遇号火星车是降落在沉积岩中，所有在火星着陆的航天器都降落在玄武岩中。玄武岩的特征更容易分析，因此我们主要关注玄武岩。在玄武岩的组成成分中二氧化硅含量占 50%，其余是铝、钙、镁和其他一些元素，所有这些元素都在激光诱导击穿光谱仪中发出了良好的信号。我们刚完成一篇论文，比较来自火星的不同陨石，对比的结果相当不错，这至少给了我一些信心认为我们应该尽量参与慢动作现场测试。

在慢动作现场测试的"第二天"，也就是第一次测试之后的一个月，我们将用激光诱导击穿光谱仪进行分析。虽然这个化学与摄像机仪器的数据是从我们的实验室中获得的，但我们是从喷气推进实验室的网站收到这些数据的，完全像从火星获得的结果一样。我们有一天的时间来看这些数据。然后，我们必须在电话和网上向整个团队五十多号人展示我们得出的结果。获得数据的那个上午我接到了山姆的电话。

"罗杰，你有空吗？我们必须谈谈化学与摄像机仪器的数据！"

从他的声音中我听到了真正的忧虑。我尚未看这些数据。他不想在电话里谈这件事，他想到我的办公室。他的办公室距离散乱的洛斯阿拉莫斯国家实验室建筑群几英里远。就在他开车来我这儿的路上，我清理了办公桌并开始调出新数据。山姆冲进门，把门紧紧关上，然后坐了下来。

"这些数据当中没有硅……所有样本都没有硅！"他脱口而出，一口气还没缓过来。迄今为止，山姆分析的所有岩石都是玄武岩，而玄武岩总是富含二氧化硅。我们负责为这个测试收集数据的詹姆斯·巴菲尔德使用玄武岩作为标准，用玄武岩和新的样本作比较，希望这些神秘的岩石有相似之处。但，显然这些岩石的类型和我们所预期的不相符。

我回想起因为火灾错过的火星车现场测试。我们随后分离了那些从测试现场发送给我们的样本。其中有些样本是碳酸盐。在地球上的大洲，主要的岩石是富含碳的沉积岩，比如石灰石，这通常是由有机物质产生的。但我并没有预期在模拟的火星实地测试中会有碳酸盐，因为之前从未在火星上发现过这样的岩石。此外，我认为测试地点会离南加州的喷气推进实验室相当近，那个地方的碳酸盐含量很少。

我看着图上应该出现碳排放峰值的位置，果然，某些样本的确有峰值！我拿来一些旧数据，并证明了我们神秘的材料看上去像白云石，它是石灰石的一种变体。山姆气顺了许多。实际上这将变得很有趣。过去三十年科学家一直在猜测并寻找火星上的碳酸盐。我们可以假装在火星上发现了碳酸盐。

比我更善于分析的山姆仔细地反复察看这些数据。他现在也在用新的思考方式，而且他注意到其他几个神秘的样本并没有碳高峰值。尽管没有出现新的元素，但是一些峰值的比率看起来明显不同。

"这些不可能是硫酸盐，是吧？"山姆惊奇地质疑道。

石膏是一种常见的含硫沉积材料。遗憾的是，激光诱导击穿光谱仪不是很擅长检测硫。山姆和我都没有检测硫的经验，但我们知道火星上存在很多硫。我们查看了发射谱线数据库，并找到应该出现硫高峰值的位置。没错，我们看到了一些模糊的高峰值！但我们也不能肯定它们就是硫。我们在报告中写道：我们可能观察到了硫。山姆发誓一回到实验室就要用含硫的岩石进行实验。

隔天，我们愉快地向热切等待着的团队展示了数据。由于化学与摄像机仪器的作用是遥感仪器，所以它有机会进行第一次化学分析，而且在我们的假想测试中火星车尚未使用它的机械臂和其他工具。团队成员只收到图片和化学与摄像机仪器报告。为了应和模拟测试，我们以一条写着"新闻稿：火星上惊现碳酸盐！"的横幅开始我们的报告。我们指出表明碳、氧、钙的光谱特征，碳、氧、钙是这些岩石中仅有的重要元素。我们也表明了我们已经观察到其他样本中的硫。

每个人都对我们虚构出来的新闻稿感到很兴奋，随后几天，团队满怀热情地在岩石上挑出新目标让化学与摄像机仪器击穿。一个月后，在下一次的火星车模拟测试日中，我们展示了测试现场中两种类型的岩石肯定是碳酸盐和硫。我们证明了自己的能力！

原来测试地点是距离喷气推进实验室很远的新墨西哥州南部，此地位于跨越得克萨斯州西部的沉积盆地边缘，新墨西哥州拥有美国大陆储量最丰富的油田。好奇号团队随后对测试地点进行了实地考察。在那里，我们能够看到慢动作现场试验中确认的碳酸盐和石膏交互层，这与形成新墨西哥白沙著名沙丘的是同一物质。与此同时，勇气号火星车在火星上发现了一块碳酸盐岩石，这让这一测试地点与我们的工作更有关联性，但它早于我们在火星上的发现。

第二十章

着陆火星何处？

在化学与摄像机仪器项目最初几年期间，我们非常注重制造仪器和操作仪器，因此很难花太多时间去考虑着陆地点。第一次有机会将注意力转移到火星上是在 2006 年 6 月一场着陆点研讨会上。这是一系列五次会议中的第一次会议，这五次会议都致力于寻找火星车在火星上展开调查的最佳位置。因为我正忙于化学与摄像机仪器，所以我晚到一天，但到了那里之后我仍通过电话将大量时间用于与我们所需的光学部件承包商和供应商联系。

研讨会在帕萨迪纳会展中心某一拥挤的会议厅举行，开了三天。这场会议对所有人开放，与会的不仅是好奇号团队。虽然很多与会者是之前两代火星任务中的老将，但值得注意的是火星探测漫游者科学负责人史蒂夫·斯奎尔斯和雷·阿维德森没有出席。他们的缺席代表了新项目的负责人有变动。显然，人群对新的探索地点前景感到非常兴奋。但因为火星的总面积和地球（不包括海洋）一样大，所以它为这一新的探索机会提供了很多的可能性。事实上，根据设计，好奇号将着陆于一个相对较小的椭圆形区域，该区域内有很多之前任务尚未使用的潜在新着陆点。

在会议的第一天，美国国家航空航天局的行星保护官员约翰·拉梅尔列出了基本规则不予考虑的某些位置类型，因为没消毒的航天器可能会把地球上的细菌传播到火星上。如果火星车不小心撞上一个有很多冰的地方，那么由于放射性同位素热电机的热源，来自火星车的高温可能会在冰的浅表面下造成半永久性的融水水坑，这会让火星车上的地球细菌存活一段不确定的时期。同样的，如果火星车在经过结冰区域且最终因服役年限已到而停止工作，那么也会发生上述情况。因此好奇号项目不允许在结冰的地区着陆。其结果是，最有趣的一些地方——比如，被认为是流水冲刷形成的新沟壑，以及一些明显的冰川地形——都成了好奇号的禁地。其他问题，比如会导致着陆处于过度风险的强侧风或陡峭地形，也使得其他一些受欢迎的着陆点从清单上划掉。

不过这些细节问题并没有浇灭群众的活力。事实上，我几乎没见过这么快活的科学家。我们如鱼得水！秉承着真正的美国精神，会议结束时就最喜爱的着陆点进行投票。接着是唱票，最后有人就之后的计划发表了几句结语。下次会议不用再等14个月。在两次会议的间隔，绕火星运行的航天器将近距离了解人们最喜爱的着陆点，为下一次会议提供新信息。眼下，火星科学家们高兴的是火星地面战役计划已经展开了。

在第二次会议中，火星科学家们继续谈论上一次会议中没解决的问题。我们把大量精力都集中在排名前七位的着陆点，同时科学家们在研究新的图像数据，看看我们对这些地点的希望和梦想是否实际可行。由于要考虑的只有七个地点，所以讨论变得更加激烈。会议结束时，我们再次进行投票。对此，研讨会组织委员会的一些委员又叫来了几位工程师重新评估这些地点的技术可行性。

这支"事后"团队宣判了尼利槽沟被淘汰的厄运，尼利槽沟是火星北半球的一个大峡谷：因为其相对较高的海拔和其他因素，所以此地太危险，不适合着陆。这一着陆点的提议人反对这一决定，但无济于事。另一个着陆点似乎从几近默默无闻摇身变成最受喜爱的。火星勘测轨道飞行器（MRO）新的分析显示了在盖尔环形山的底部附近存在很能引起兴趣的黏土层，盖尔环形山是个很大的撞击坑，就在古老的南部高地和相对平坦的北部低地之间的边界。黏土和看似海岸线的地貌保证了火星探索团队将能够研究一个已储藏过水一段时间的地点。此外，盖尔环形山拥有比大峡谷高的沉积层土堆。因为没有证据表明盖尔环形山当前有冰的存在，所以美国国家航空航天局"行星保护"办公室为此地亮起了绿灯。这里可能就是我们所寻找的火星"宜居环境"。

下一次会议结束后，名单上剩下四个着陆候选地点：盖尔环形山，另外两座有着非常令人关注的河床和河三角洲的环形山，还有一个非常古老的地点是马沃斯山谷。其中，马沃斯山谷是这四个地点当中表明最强的黏土矿物特征。探测到马沃斯山谷这一特征的是火星快车号搭载的法国造可见光及红外矿物制图光谱仪以及火星勘测轨道器搭载的火星专用小型侦察影像频谱仪。

2008 年末，美国国家航空航天局公布发射推迟，火星科学家突然多出了两年时间可以研究这些着陆候选地点。第一件要做的事就是重新打开测试点，以防最近的轨道图像显示了新的着陆点。新的候选着陆点提出来了，但经过几次委员会会议，这些新的候选着陆点并不比原来那四个更能引起兴趣。因此，就一开始将众多地点削减到终极四强一事，我们显然做得很好。

很明显，这四个候选着陆点吸引了四种不同类型的科学家。第一类是光谱学工作者，他们从轨道研究矿物特征，他们想选能表现出最强的光谱特征的地点，也就是最古老的马沃斯山谷。第二类是地形学家，他们研究的是图像中的地貌，他们想选展示最有趣的地形地物和局部的地点，这些地形地物包括河流三角洲、海岸线和沉积岩层。马沃斯山谷完全没有上述任一地形地物，因此对地形学家而言，该地点很枯燥。许多能够吸引地形学家的地形地物，比如潜在的三角洲、海岸线、岩石层和河床，然而，它们却没有很强的光谱信号，因此无法引起光谱学工作者的兴趣。光谱学工作者质疑了所有完全没有黏土矿物的地点，因为他们把黏土矿物看作是探查生物区证据的起点。地形学家认为黏土矿物可能会被灰尘埋在这些候选着陆点下面，因此无论如何，我们团队都要考虑到这一点。

我们真的需要两台火星车来满足所有人。但是和火星探测漫游者科学家不同的是，我们只有一台火星车。

支持马沃斯山谷的领头人是让-皮埃尔·比布林，他是一位魅力十足且口才极佳的科学家。数年前，比布林曾把他的可见光及红外矿物制图光谱仪仪器送上火星轨道，并领导火星绘图工作。比布林的头发又长又细又白，额头上布满几道皱纹，尖鼻子，穿着有点老式的法国服装，他看起来可能是坐着时光机从法国大革命时代穿梭到现代的。幸好，他并没有经常讨论他那"有趣的"政治观念。无论如何，他都是法国一流的行星科学家，当然也是口才极佳的。根据比布林的发现，马沃斯山谷显然不仅只有一种类型的黏土矿物，同时它也是候选着陆点中最古老的地点。一般而言，在着陆点研讨会和好奇号团队中都有一支较大的法国科学家团队。通常情况下，法国人非常独立，但有趣的是，所有的法国成员都支持比布林。我从未见过他的法国同事如此团结。一些不是来自法国的科学家指责了法国科学家的团结一致。为什么，通常有独立想法的法国人这次竟然齐心支持马沃斯山谷？

最后两次着陆点研讨会被安排在发射前的最后 14 个月。我们不想要最后的会议陷入僵局。两次会议的第一场在 2010 年年底召开。所有的展示都是精心打造的。用餐时间和休息时间的讨论变得很激烈，但是没有哪个着陆点脱颖而出。由于我们不想用一张票两张票来决定着陆点结果，所以研讨会不再举行投票。相反，此次研讨会以四处候选着陆点的陈述画下句号。终于要决胜负了！

最后一次研讨会在 2011 年 5 月举行，这是一场马拉松式的长会议。趁着法国队成员也在此，所以我们在周末安排了化学与摄像机仪器团队研讨会。在这之后，科学界连续三天都在讨论着陆点，之后的一个上午与会者削减至只有好奇号科学团队，最后一个下午参与闭门会议的只有核心圈子。

在周一，我们的项目科学家约翰·格勒青格联系我，和我分享了关于如何做出决策的想法。约翰将带领我们解决登陆点一事，随后才投身项目。我猜想约翰的首选地点是盖尔环形山，盖尔环形山有 5 千米高的沉积丘、峡谷、倒流河槽和冲积扇，但他并没有详细地和科学界讲这件事。约翰是我们的领导，但他并不想把自己的意志强加在我们身上。

在给各个团体做火星演讲的时候，约翰就注意到包含大型河三角洲的环形山最能引起公众的共鸣。三角洲和所有人都有联系——这表明火星上真正存在过河流和大海。这个地点名叫埃伯斯沃德环形山，此地也吸引了艾德·维勒的注意力，艾德是参与着陆点决策的美国国家航空航天局高级官员。看起来埃伯斯沃德环形山稍稍领先于其他两座环形山。约翰认为，也许我们能够围绕埃伯斯沃德环形山达成共识。不管最终选定的着陆点是什么，我们真的很想达成共识。

研讨会开始了。会上有对四个候选着陆点的介绍和讨论。每个着陆点仍有很坚定的支持者。两天过去了，僵局仍未打破。冗长乏味的会议让我们身心俱疲。会议的最后一天是"麦克风开放之日"，任何想作补充的人都可以上台演讲。昨天晚上，比布林和另外一位法国同事已经让我很为难。我们就细节问题谈了好几个小时，谈的是化学与摄像机仪器在不同的着陆点能做什么，还谈了化学与摄像机仪器在其所在的领域的各种发展。最后，比布林紧握我的一只手，看着我的眼睛，说："你会支持马沃斯山谷。我知道你一定会做出正确的决定。"

第二天，我所见到的就是比布林周旋在不同的好奇号团队成员中为马沃斯山谷拉票。和他的巴黎口音法语一样，他说英语的速度比大部分美国人还快。但是，如果说有什么不一样的话，那就是他的努力游说似乎引起了人们的反感。科学家又针对候选着陆点做了几次新的演讲，但仍然没有领先者。显然，约翰·格勒青格认为埃伯斯沃德环形山会胜出的想法并没应验。最终陈述结束之后，火星科学界在没有做出决定的情况下休会。

第二天将由好奇号团队就着陆点选址做出决定。

好奇号团队会议在加州理工学院校园内一栋新建的大楼举行，在酒店会议室待了太多天，换个开会环境感觉真舒服。我们都蜂拥而入大讲堂。虽然好奇号团队比火星科学界成员少很多，但是我们仍有近50个人。值得注意的是，比布林和一些光谱学工作者都没有出席会议，因为他们都不是好奇号团队的正式成员。约翰·格勒青格在会议上发言并欢迎我们的到来。他直接要求我们投票，看看我们的团队最终选择哪个地点。所有人都屏住呼吸，生怕又出现僵局。但这次的投票有了清楚的排名。比布林最喜爱的地点排在第三位。排在前两名的分别是有着河三角洲的埃伯斯沃德环形山和有着高大沉积层的盖尔环形山，但是盖尔环形山以显著的优势胜出。我们有一整个上午的时间，所以我们讨论了许多事。推迟决定能有所帮助吗？如果我们真的需要更多的时间来做出决定，那么工程师和导航团队可以再多等几个月。但没人认为有这个必要，没人认为我们需要更多的时间。淘汰了名列第四的候选着陆点之后我们又投了一次票，盖尔环形山再次居第一位。会议结束后，我们去吃了午饭。

那天下午，好奇号核心圈子开了个会。会议上我们讨论了着陆的安全性。盖尔环形山在这方面又有了几个优势：第一，它靠近赤道；第二，和其他几个着陆点相比，盖尔环形山比较没有大石块和陡峭的山坡。工程师也会喜欢这一个选择。盖尔环形山是理想的着陆点。

好奇号团队会议的结果应该保密。因为我们没有最终权力，最终权力在美国国家航空航天局选定的某官员手上。他很可能会采取我们的意见，但我们不应擅自确定结果该是如此。三周内，埃德·米勒将在华盛顿听取简报，接着，消息就会对外公布。不幸的是，消息早就被泄露了。比布林怒不可遏，因为他支持的地点没有入选。就在两周后，他和美国国家航空航天局一些官员出席了一场不相关的会议，结果比布林在会上当着众人的面说如果美国国家航空航天局不做出明智的选择，那么他将严厉谴责美国国家航空航天局官员。有传言说比布林认为太阳系的生命始于马沃斯山谷，随后才到地球，如果好奇号不在马沃斯山谷着陆，那么我们就会失去机会，无法了解我们的起源。比布林写信给美国国家航空航天局的管理高层，甚至设法与美国国家航空航天局局长共进早餐，借机讨论这件事。6月份有篇新闻报道抢在美国国家航空航天局之前公布了着陆地点的投票结果。这篇文章并没有指出消息来源，看起来就像是篇小报。现在，轮到美国国家航空航天局发火了。比布林支持的地点肯定不会入选，但美国国家航空航天局也决定推迟公布选址结果，等事态平息之后再说。最后，7月份，在最后一艘航天飞机完成其最后飞行之后，美国国家航空航天局在史密森尼博物馆某次特别的火星活动中宣布了火星着陆点。好奇号将在盖尔环形山着陆。

第二十一章

重返卡纳维拉尔角

周围一片漆黑，这时广播响了，格温叫醒我。不过，我很乐意这么早起。因为，这将是一段美好冒险的开始。时值 2011 年 11 月，自打我在卡纳维拉尔角参与起源号任务发射后，至今几乎整整过了 10 年！这 10 年间发生了很多事。起源号升空了，着陆了。最美妙的事情是起源号科学团队已经公布了结果。而且，同样令人惊奇的是，外面现在正要往火星表面发射一台新的火星车。其间，哥伦比亚号航天飞机在返回地球时坠毁了，我们的火星勘测样本采集任务始终没有入选，而且航天飞机舰队终于退休了。

在这十年间，格温和我也把我们的两个儿子养大了。大儿子卡森 18 岁，他正在参观各高校。小儿子艾萨克在读高中。我想起了上一次和家人一起观看起源号发射。那一次，孩子们的祖父母也去了，但我们几个大人还是很难驾驭两个小家伙。而现在，他俩都已经是富有经验的小伙子了。十年带来的变化真大！

当我订了机票之后，航空公司却改变了飞行时间，因此我必须比预期的早起两个小时。作为过早起床的补偿，我希望能看到此次出行的理由——火星，根据夜空指南，此时火星应该越来越亮，在晨空中闪耀。可惜的是，空中高云笼罩，我可以看到月球漫射出的一道光，但我却无法辨认出任何星星。也许在黎明天光大亮之前这些高云终会散开。我驱车经过我们的小镇，开到山下的里奥格兰德河谷。当我绕过圣塔非在旁道上行驶，我发现天空中的云好像在渐渐变薄，但现在变薄可能太迟了。我还看到了从桑里代克里斯托山升起的第一道曙光。果然，车子驶入 25 号州际公路（I-25）之后不久我就看到了一片晴空，但是已经看不到星星了，因为天空太亮了。

到了机场之后，我和格温互发短信。她和孩子们会在周三出发，等学校放感恩节假期。我这一周的行程将会很满。周二有三件事要忙：首先要参加一场科学团队会议；其次要参加新闻发布会；最后要向一群教育工作者说明发射作业。感恩节那天，我们的法国同事组织了一场国际足球比赛。隔天就是好奇号发射日。

那一周，仅次于发射的要事就是足球赛。那一天，当我们到足球场时，明媚的阳光照耀着我们。温暖的天气和青葱的圣奥古斯丁草让人看不出此时已是寒冷的十一月下旬。许多人在足球场入口附近挤成了一片，大多数人都簇拥着足球赛的组织者，来自法国的皮埃尔-伊夫·梅斯林，以及我们的项目负责人布鲁斯·巴勒克拉夫。以前在洛斯阿拉莫斯的时候，布鲁斯已担任足球裁判多年。当天，他没有穿着裁判条纹衫，而是穿马球衫，因为这场比赛中他是球员。参赛者穿着各式服装，有些人，尤其是外国同事都穿戴专业的足球装备。另一些人穿着牛仔裤或休闲短裤。西尔维斯特和妻子阿梅勒从法国带来了他们四个女儿中的一个，9 岁的柯隆贝虽然身材娇小却执意要参赛。卡森和艾萨克也蓄势待发。

人越来越多。这是一场盛大聚会，过去七年与我一起共事的所有人都到场了，外加许多来自其他仪器团队的科学家和技术人员。总之，有 140 多号人现身此次足球赛。主办方把选手分成八支队伍，采取双败淘汰制。每场比赛分为上下两个半场，每场十分钟，在低于标准的足球场中举行。西班牙队的成员把自己的球队命名为"世界冠军队"，不过事实证明，他们更擅长科学而不是足球，他们是最后一名。获胜的法国队反复触到西班牙队的痛处。幸好所有人都克制地在踢球，不管是身体上还是自尊上都没人受伤。后来，大家都去享受野餐。感恩节那晚，我们一家在杂货店买了现成的感恩节晚餐，并邀请西尔维斯特和法国队成员勒内·佩雷斯及其家人到我们的一室公寓共度感恩节。我们告诉他们 400 年前在北美洲另一海岸线发生的事情，并告诉他们这件事就是我们庆祝感恩节的原因。

当然，那时我们共聚一处是因为即将被发射上火星的好奇号。无论我身在何处或者在做何事，我总是想着宇宙神-5 搭载好奇号，静坐在距离海浪不远处的发射台上的模样。

宇宙神运载火箭系列有着漫长而成功的历史。第一艘宇宙神是洲际弹道导弹，其制造工作始于 20 世纪 50 年代后期。然而，在 20 世纪 60 年代初，当美国国家航空航天局需要一艘可靠的火箭执行水星计划的绕轨飞行时,宇宙神成了首选的助推器。出人意料的是,除非油箱内充满液体或加压气体,否则宇宙神无法强大到足以支撑自身的重量,因为它用的是所谓的气球式油箱——这种油箱以薄壁加上内部压力,为火箭上半部分的油箱提供支持。制造商并没有在宇宙神上使用任何专门的支撑结构,因此比起有支撑结构的火箭,宇宙神轻多了,从而它才能把更重的有效载荷发射到轨道中。在20世纪60年代初,这类型的火箭至少有一艘因油箱失去压力而坠毁,但这是罕见的事件。随后几十年,这类型的火箭被继续用于军事,执行十几次的无人任务发射。

20世纪90年代,宇宙神运载火箭系列几乎被重新设计。在众多变化中包括往油箱中添加了内部支撑结构。新的宇宙神运载火箭实际上使用的是俄罗斯设计的RD-180火箭发动机,这极具讽刺意味,因为这类火箭最初是冷战期间的洲际弹道导弹。即将搭载着好奇号升空的宇宙神-5官方编号是541型,这意味着它有个直径为5米(16英尺)的有效载荷整流罩,基座有4个固体燃料捆绑式助推器,第二节有个半人马座火箭单一发动机。第一节的核心火箭中有个装煤油及液态氧的大型燃料槽,该核心火箭高100多英尺。火箭总高度为200英尺,近350吨。宇宙神-5最近一次发射在8月初,将朱诺号航天器送往木星,5年后朱诺号就会进入轨道,以研究木星这颗大行星的内部。

好奇号飞行计划要求在上午的时候发射好奇号,在每天约工作两小时的发射窗口发射。在发射后一两分钟,宇宙神-5会分离4个耗尽的固体助推器。三分半钟后保护好奇号太空船和第二节火箭的有效载荷整流罩将离开。在发射后四分多钟内,主助推器将继续燃烧,上升到100英里的高空并沿着发射方向前进数百英里。在分离后,第一节火箭将会推动航天器进入一个椭圆形地球轨道。然而,在绕完地球轨道一圈之前,发动机在距离火星相对合适的位置时会再次点火八分钟,引导好奇号离开地球轨道飞往火星。四分钟后,火星巡航级将和第二节分离,并进入大气层。

自航天飞机项目结束后,这是卡纳维拉尔角首次执行重大的发射任务,此地上一次发射的阿特兰蒂斯号航天飞机于2011年7月21日在地球着陆。这次好奇号发射吸引了很多想再次目睹发射的人,也吸引了很多对火星探索未来感到兴奋的人。现场观看发射的约有一万三千人。因为我错过了起源号的发射,所以这将是我第一次观看发射。

　　漫长的等待终于结束了。进入了发射前最后几分钟，随后是几秒钟，时间滴答滴答走，观众的情绪愈发高涨。倒计时到零，所有人突然静了下来，但只持续了一瞬间。我们看到了白烟、火焰和升空的火箭，这时人群中爆发出一阵响亮持久的欢呼声。火箭离开发射塔时，我大喊着："冲冲冲！"从这样的距离观看火箭发射，我不禁想起小时候在自家院子里观看的所有火箭发射，这些场景多么相似啊！现在火箭拖着一条长长的火尾，短暂地消失在云层中，然后又出现在云层之上。最后，我们听到了发动机低沉持久的隆隆声。火箭以弧形的姿态飞过大西洋的天空，然后越来越小。一台电视监视器播放了火箭的远程视图，只有一小段时间，然后所有人一边兴奋地交谈，一边走向公交车。

　　从观看区坐公交车的回程途中，我们继续收到喷气推进实验室发来的邮件，告知我们仪器的温度，以及官方推特称所有系统运作良好，而且太空舱的最后分离很成功。我们松了口气。就在几周之前，俄罗斯发射火星卫星火卫一的任务失败了，因为它没能成功离开地球轨道，注定要坠落回到地球。这让我们对好奇号的成功更心怀感激，也提醒了我们前方的火星之旅非常危险。

　　第二天，世界各地的报纸都宣传了我在发射过程中大喊的"冲冲冲！"精神。我不敢相信，我们真的踏上了前往火星的道路！

　　在佛罗里达州的最后一个晚上，我替家人打包行李时休息了一下，走到外面的海滩。那时夜已很深。我小心翼翼地走到海水边，黑暗中唯一可见的是碎浪的泡沫。冬季星座在东部海洋上空闪闪发亮。我觉得我可以看到火星的红光在半空中闪烁。我想到了好奇号。在那一刻，好奇号就在我和火星之间的某个地方，加速飞离地球。

第二十二章

恐怖七分钟

好奇号之旅下一个重大事件将是着陆，到时地球上的运作中心将是喷气推进实验室，那里将会接收到来自深空网络天线发回地球的信号。

从统计学角度来说，与发射相比，好奇号登陆火星的危险更大。为好奇号火星车提供动力且离开地球的宇宙神-5，其成功率高于95%。相比之下，在美国、苏联和欧洲航天局多次的火星着陆尝试中，总共只有6次成功登陆，成功率远远低于50%。过去十年中，美国国家航空航天局三次火星着陆都成功了，但坠毁的风险仍令人忧惧，坠毁的失败程度远远高于美国国家航空航天局的承受范围。

就在2007年化学与摄像机仪器被取消之后，我又制作了一张幻灯片，加入我给全国做的演讲资料。这张幻灯片表明了像化学与摄像机仪器这样的假设项目从一开始到最终能在另一个星球上进行测量的成功的可能性。每个项目最初都只是某个人心中的一丝希望，即一种想法。就像是一颗种子，一个想法可能会有很长的冬眠期，静候适合的季节，适合的环境，得以发芽。世界上有成千上万关于行星探索的想法，但这其中任何一个想法的成功率都极低。想法必须具体化，但具体化需要资金。所以我的幻灯片的某一张图中的下一个重点就是获得仪器研制的资助，在美国资助来源通常是美国国家航空航天局的项目资金，但有时候也可能是其他资金来源。申请人银行里有了经费，那么就可以制造原型（正如我们在制造化学与摄像机仪器之前制造并测试的先驱模型），也可以展示出自己的想法。不过，虽然美国国家航空航天局每年都会批准经费给新仪器，但却很少有新仪器能升空。

此时，这张图中代表成功的曲线几乎没有上移，而且成功的概率仍低于10%。仪器概念可能会赢得新一轮的发展计划竞赛，这可能会稍微增加成功的概率。下一个大突破需要仪器入选升空名单。有了升空的保证，一个想法现在有了约30%的机会飞往像火星这样的目的地。当项目通过了必经的里程碑时，我的这张图随后显示出稳步上升的曲线，其中两大要素分别是初审和关键设计审核。在化学与摄像机仪器的案例中，我展示了一个大幅的骤降，成功率回到零，上面写着"取消！"幸好我们挺过了这一关，而且爬回了上升曲线。之后是要将仪器送到航天器，当航天器接受了测试，成功率也就稳步上升。在写着"发射"的位置，曲线上升了一点点，因为发射本身只具有约5%的风险。

好奇号最大的风险尚未到来。在我的这张图中，我展示了20%～25%的着陆风险。此后，曲线几乎接近顶部，但仍未完全达到。最后的5%是为第一次真正测量保留的。因为仪器可能达到了目的地却无法工作。这种情况已发生在很多仪器中。

迄今为止，我都是在好奇号发射之前很久向观众展示这张图。这张图清楚地告诉观众，我们离成功还很远，失败的概率仍接近二分之一或三分之一，这却取决于我何时展示那张幻灯片。接着，我将指出为了成功我们必须付出多少，听众会变得相当清醒，也许他们心里在想着我们是不是疯了才会去尝试这样一个令人怯步的壮举。然后，我会很快地翻到下一张幻灯片，在这张幻灯片上我用对数刻度来显示同一条线，并用图说明，现在从数量级来看，我们的成功率已经高于想法产生之初。新幻灯片显示当前位置比较接近顶部，此时观众总是会因为我的花招和乐观看法而发笑。不过，我知道为了爬上曲线走向成功，我们仍然有很长的路要走。

不知怎么的，我觉得自己经历过这一幕。事实上，在起源号任务中我的确有过这样的经历。在起源号中，火箭曾经和带着致命问题的航天器仪器一起发射，直到返回舱在美国犹他州的沙漠中坠毁，我们才得知这一情况。我们又怎能知道，好奇号没有带着致命的问题一路飞往火星？介于登陆顺序的复杂性，好奇号的着陆失败率远比起源号单一的返回舱坠毁率更高。而且火星上没有人可以拾捡碎片。我们可能永远无法得知问题出在哪里。

我意识到我唯一的起源号着陆经验让我对此事产生了先入之见。我是自己独特灾难性经历的受害者。我们的大脑有个怪癖，它们想无视逻辑，只凭借我们自己的经验，尤其是那些令人痛苦的经验。这是不合理的。现在，我开始明白自己对好奇号在火星安全着陆的怀疑。

所有可能出错的事情，至少都在我的梦里出现过一次。排在可能出错的事件名单首位的是太空舱，太空舱可能会错过火星，或者它可能会和1998年的火星气候探测者号一样，在进入大气层时出现问题。此外，好奇号将是第一台采用"引导进入（guided entry）"新技术着陆的火星车。在先前所有火星着陆中，太空舱都像陀螺般在打转，这就产生了更稳定的结构，使它挺过进入大气层时遇到的紊流。好奇号将不会打转，它将直接飞进大气层，其顶部有一架小型喷气式飞机为它指导方向。要是灼热气体在热屏蔽上挖了一个洞，会怎样呢？洞可能会越来越深，可能会穿透热屏蔽，最后烧掉火星车最薄弱的部分。这一幕与哥伦比亚号失事有所不同，在哥伦比亚号事件中损害始于机翼下的隔热瓦受撞击。

我名单上的第二项是：降落伞可能会撕裂。就火星任务，美国国家航空航天局必须使用更大的降落伞，而这次使用的是有史以来最大的降落伞，它将在超音速时展开，这在机械方面是极大的挑战。我曾看过一个视频，视频内容是好奇号降落伞在某次测试中被撕裂了。在那次测试后对降落伞做出的改进是否足以胜任呢？接下来，降落伞展开之后，太空舱必须打开并抛放火星车。如果该作业执行失败，那么整个装置将以与起源号几乎相同的速度撞上地表。接着可能出事的是制动火箭成套设备"天空起重机"：要是它变得不稳定、翻转，还把自己推向地面呢？更加危险的是天空起重机应该悬停的时候。要是雷达没有准确地探测好火星表面，导致火星车和天空起重机一起撞击火星表面呢？那么火星车及其背上的巨物将永远无法移动，桅杆将永远无法举起，化学与摄像机仪器将永远不可用。

大多数情况下，一想到负责将火星车放到火星表面上的电缆，我就会开始浮想联翩。这应该会发生在火星车在火星表面上空60英尺的情况下。我会想到好奇号疯狂地来回摆动，整部火星车撞上表面。再接下来是轮子，知道火星车即将碰到表面的几英尺处，轮子才会真正部署。如果这六个轮子没有一次部署到位，那么我们将拥有一台看似愚蠢的六轮火星车，它将永远寸步难行。最后，要是好奇号着陆后，下放火星车的电缆没有成功切断呢？那么好奇号就会被电缆拖住，可能还会翻车。即使火星车没有翻车，天空起重机也可能会像锁链般束缚着它！最糟糕的是，会导致任务失败的细节数不胜数，而我甚至不知道这些细节。

一系列事件完美进行的可能性看起来相当小。76个烟火装置，主要用于钳断螺栓或电缆，它们都必须完美地执行任务。我试着不再过多想这件事。不管怎样，生活还是会继续。

*

操作演练对我而言是一种发泄。这些操作准备性测试在发射后三个月将于喷气推进实验室开始。他们给好奇号团队一个机会去了解一切，从如何从仪器获得数据到如何驾驶火星车，以及计划每天的活动。其中，着陆、各仪器的调试阶段、使用火星车机械臂和其他火星车活动都包含在内。

好奇号是一台极其复杂的机器，在每天整整八小时的操作中我们必须编制它的所有活动程序。优化机器让它一切靠自己，从驾驶到击穿岩石，这会耗费我们大量的时间和精力。喷气推进实验室已经建立了一个名为"火星科学实验室界面（MSLICE）"的单一程序，以计划火星车的所有活动。比如，针对我们的化学与摄像机仪器，MSLICE 会弄清在分析之前我们何时必须打开仪器的加热器和冷却器。一旦某岩石被选中，MSLICE 将确定岩石的位置和距离，并将坐标发给我们，这样一来我们就可以用激光击穿岩石。我们也会告诉这套程序，将数据传回地球的下行线路的先后顺序，以及它是否要在火星车上处理数据，还是将原始数据传给我们。同样的 MSLICE 程序也将用于计划火星车驱动、所有仪器的使用以及机械臂的动作。

好奇号的日常操作将是一个复杂的过程。在这个过程中，很多人既要合作还要独立工作，以确定火星车每天的工作内容。首先每个人将编写各自一天的活动部分，然后与其他人会面制订一个计划，这个计划将会把所有人编写的东西融汇成每日的总体程序。这需要投入大量的时间和精力，这样所有人都能够参与自己所需数据的收集过程。将有数十人参与这整个过程。

地球上科学家每天做的第一件事就是分析前一天的数据。特别是负责下行线路数据的所有人将需要确保前一个火星日的进展都很顺利，没有异常情况发生。接着在一场科学评估会议中，每个子系统下行线路负责人将会报告各自的仪器或系统运行情况，并就任何有趣的新结果进行讨论。然后，长期计划负责人和操作负责人将分配几个小组来构建任务骨架，让仪器、移动系统或机械臂在下一个火星日执行。

根据具体的活动，各小组将挑选用于成像或分析的岩石，选择部署机械臂的位置，或者选择火星车前往的地方。各小组将花几个小时制订这些计划。大概在轮班中途，他们会提交计划片段，然后开会讨论这些计划并看看是否所有活动计划都符合电源、时间和数据量的要求。如果所有活动花的时间超过火星车一天的工作时间，或者如果这些活动消耗太多能量，那么有些事项就要从计划中删除。数据量只有在两种情况下才显得很重要：第一，在拟定下一个火星日的计划之前必须获得某些细节证实；第二，火星车上的数据缓冲器获得的数据过满。一旦计划符合时间、能量和数据的要求，那么这些计划片段将会交给一个新的小组，这个新的小组将会把计划转成指令序列。在漫长的一天结束之际，该指令序列将在另一次会议中接受审查，这次审查由第二班的人员负责，最后指令将被发射到火星。

每个仪器团队都设有下行线路组长（知道如何检索并解释新数据的人）和上行线路组长（负责把活动内容和序列传送到火星车的人）、仪器专家和科学家。通常情况下，科学家会紧紧跟踪工程师，以确保完成科学目标。例如，科学家可能会进行一番检查，以确保他们想要分析的特殊岩石排在首位。

现在，算上科学家和工程师，化学与摄像机仪器整个团队约有 50 人，所有人都需要接受培训。操作准备性测试将是头等大事。因为接受训练的人很多，因此不同的小组将被安排在不同的操作准备性测试中。

第一次操作准备性测试在 2012 年 2 月底举行，在那之前将有为期一周的"飞行学校"，即通过电话和电脑屏幕举行的会议，其目的是阐明每天的日程、会议室和协议。二月份的操作准备性测试为期九天，内容包括着陆以及前几天的仪器调试阶段。

第一次操作准备性测试在上午开始，我于 6:30 抵达喷气推进实验室，我看到所有人脸上都流露着兴奋的神情。我并没有预料到这一幕，毕竟这只是个测试。整个团队齐心协力，竭尽全力。我们想象着火星车已经着陆，我们从火星获得首批数据流。整个小组沉浸其中。西尔维斯特和我发现，轮班结束时，我们不得不哄人离开。日子一天天过去，人们越来越疲惫，但是团队成员都不想错过事情的进展。我逐渐意识到，当好奇号真的登陆火星之后，人们的兴奋和好奇心将是团队动力的强大因素。我最好开始筹划利用这两个因素。

到了第七天，我们已经在"火星"上进行了化学与摄像机仪器激光测试。一切并非完美地进展，但我们获得了有用的数据。这是一种令人满足的感受。9 天的测试即将接近尾声，所有成员陆续回到自己的所属单位，我们发放结训证书并合影。所有人都获得了第一次操作好奇号的经验。

洛斯阿拉莫斯国家实验室团队的大多数成员都参加了第一次操作准备性测试，但没办法让所有人都参与第一次训练，我们留下了一个人，山姆·克莱格，并向他保证在第二次操作准备性测试中他肯定可以优先参与。我们没有食言，在第二次操作准备性测试中，山姆担任了下行线路组长，他兴致勃勃地接受了这一角色。山姆分秒不差参加了"飞行学校"，反复阅读程序，并确保他笔记本电脑上的软件都能运行，之后才到喷气推进实验室。担任组长的头一天，他带着一脸认真的神情来到现场。数据传入存储器，他起身向前冲，把数据传到自己的笔记本电脑，并开展处理步骤：除掉光谱背景、滤除噪声，并完成波长校正。

活动进行到一半，我走过去看他进展得如何。他看起来非常认真，压根没有注意到我的存在。他的眉毛紧锁，下巴微动，嘴抿成一条直线。我担心他在为某些事苦恼。作为仪器负责人，我的工作包括确保士气高涨，看到山姆这样的状态，我有点担心。然而，他注意到我在看到。他看着我，然后所有面部肌肉都放松了，他对我露出灿烂一笑。他很高兴地告诉我："罗杰，这活儿太有趣了。"在此之后，我再也不担心山姆了。他只不过是在认真做事而已。不出所料，山姆成了我们最优秀的下行线路组长。

第三次操作准备性测试和余下几次测试完全不同。在着陆序列中，喷气推进实验室的一群小妖精会尽可能地造成更多的故障，以此检查团队会如何反应，并测试我们在不正常情况中的判断和技能。听说我们不会涉及很多关于仪器的事情，因为此次测试的重点是确保航天器存活。所以，我们没有亲自参加此次测试。

在操作准备性测试开始之前三天，我收到一封标有紧急字样的电子邮件，邮件上说航天器出现了一个问题。起初这个消息把我吓了一跳，但后来我便意识到操作准备性测试已经开始，这是测试的第一条消息。据该消息所述，航天器看似在轻微加速，原因不明。由于计划着陆在三天左右执行，所以这个问题非常严重。根据工程师计算，这一加速度相当于在一个人手上施压了一张纸巾的重量，这个力在三天内可以将航天器推离9千米，恰好就在航天器纠正并飞进登陆椭圆区的能力边缘。

随后几个小时，导航团队确定可能是因为一个小陨石撞击了推进剂管路。这一撞击导致推进剂管路里的液体从针孔般大小的洞流出，从而导致航天器轻微加速。不久之后，我们收到了另一条消息：我们与航天器短暂失联了，重新联系上之后，好奇号已经切换到了备用计算机。

情况糟糕至极，我最担心的事情发生了，至少在演练中出现了！

我们打起精神以备着陆。在内心深处，我们知道航天器至少在某种程度上会成功着陆，因为我们还要进行余下的演练项目。着陆之夜来临了，好奇号摇摇晃晃地进入红色星球。好奇号在下降过程中会一直传来多普勒音，这一连续的无线电信号最终告诉我们航天器还活着以及航天器的速度，这意味着成功。当真正的好奇号着陆时，地球将处于地平线下，因此第一份资料将由从头顶上空飞过的火星卫星"奥德赛"中继转发。但是，当"奥德赛"应该将数据转发到地球上时，地球这边却什么都没收到！第二次转发与第一次仅相隔几个小时，这一次的确传回了一些数据。最后，8小时之后，另一个卫星传回了第一组影像，但其中有个相机好像没有正常运行。其他的相机比预期的拍摄到更大范围的天空，这意味着火星车处于陡峭的位置。

还有另一种方式可以看到火星车的假想着陆情况。火星勘测轨道飞行器有个间谍卫星口径的相机。事实上，2008年，当凤凰号着陆器下降到火星表面时，这台相机曾拍下了这一幕，这次它也将为好奇号拍照。然而，假想从高分辨率成像科学设备下载的图像，却显示了火星车向一个深陷石坑降落。初步迹象显示，火星车远远低于火星平原。除非卫星直接飞过火星车正上方，在此卫星可以直视坑内的火星车，否则两者就没办法进行通信。

随后几天又出现了一些异常情况，但总体而言，团体使事情恢复了正常。斜坡不是很陡，所以不会危及火星车，而且仪器也逐一开始运行。

这次演练提醒了我们，我们不应该期待在常规情况下进行操作。在着陆后，我们已经为头几天计划了一系列活动，而且我们也为这些天的活动安排了合适的人员。我们现在明白，我们最重要的资产可能是应对任何挑战的灵活性和敏捷性。

操作准备性测试还提醒我，我想不到的很多事情都有可能会出问题，其中有许多问题可能会导致整个任务功亏一篑。但是，我不得不克服恐惧。从此刻起，大约再过十周，好奇号将到达火星并开始其惊心动魄的下降，届时我们将面对它可能会遇到的一切现实问题。

第二十三章

登陆火星

　　2011 年 11 月，当好奇号被发射前往火星，它的升空路径是人们所熟知的霍曼转移。宇宙神-5 第二阶段的燃烧将航天器推离地球轨道，然后将航天器送进一条绕太阳旋转的椭圆形轨道。航天器在椭圆形轨道的内点离开地球轨道。

　　运行到太阳系正对面的外点时，航天器会与火星轨道相交。为了弄清楚航天器何时发射前往火星，科学家必须确定发射时，地球和火星都处于太阳系两端的正对面。如果地球和火星正好处于这样的半椭圆位置，那么 2011 年 11 月末从地球发射的火星车于 2012 年 8 月初就能在火星着陆。

　　目的地的精准细节计算必须配合着陆地。一般情况下，航天器的目标是进入与行星自转方向配合的大气层，也就是从该行星的北极向"下"看时是逆时针方向。此外，最好是在白天着陆。霍曼转移的另一个特征是，航天器在椭圆形轨道的外点运行会较慢。好奇号恰好会比火星早一点抵达会合点，这样火星重力就会抓住这个探测器。好奇号的着陆地盖尔环形山位于赤道以南 4°，因此导航团队想出一条大致是西高东低的着陆路径。

　　过去四十年，美国只有一艘航天器错过了与红色行星的准确会合点，也就是 1999 年的火星气候探测者号，该探测器由洛克希德·马丁宇航公司和喷气推进实验室合作制造并共同操作。在一次处理人造卫星的轨迹计算中，一家机构的工程师使用的是英制测量单位，而另一家机构的工程师却认为对方使用的是公制测量单位。这一计算目的在于矫正对航天器产生影响的光子和太阳风微力。这一出名的转换错误导致轨道飞行器靠近火星表面约 40 英里（57 千米）

以内，这导致航天器进入的大气层深度比设计的还深。众所周知的故事版本只道出了一半内容，因为导航团队计算的结果一直显示火星气候探测者号偏离了轨道，但这一偏差始终无法调整，最终无法补救。不过，实际上，美国国家航空航天局所有目标为红色星球表面的航天器从来没有错过其指定的着陆区。

火星表面指定的着陆区的标示是一个围绕某一目标点的椭圆形区域，其范围由航天器执行进入程序时周围众多不确定的因素决定。这些不确定因素包括火星的大气密度分布（密度变化幅度可能很大，因为飘入大气中的灰尘可能会导致温度和密度的变化）、风速，以及航天器开始进入时相对于火星的准确位置。着陆的椭圆形区域仅代表航天器在此着陆的概率为99%。当然，如果一切计算与估计都准确无误，那么航天器最有可能着陆在椭圆形区域中心一带。每一次火星着陆的不确定性，也就是椭圆形的大小，会随着上一次的着陆成功而减小。对好奇号来说，着陆的椭圆形面积已经缩小至12英里×4英里（20千米×7千米），尽可能近地坐落在盖尔环形山中心的沉积土堆上。

在好奇号登陆的那一周，好奇号团队在喷气推进实验室二六四号建筑的6楼操作中心的墙上贴了一张椭圆形着陆区的大图。这张图被称为"飞镖盘"。团队成员可以在图上做记号，表明自己就实际着陆点的最佳猜测。赢家没有奖金，只得到威望。有70多个人在自己猜测的着陆点处写下了自己的名字，大多都是在椭圆中心附近。我一直等到着陆那天才猜测，希望能以某种方式获得优势。果然，离着陆不到12小时的时候，我们听说上次轨道修正操作残留的微小误差导致好奇号往目标地点东北500米处飞去。我标上了我猜的位置。

还剩五天的时候，进入—下降—着陆团队发出指令，让好奇号执行自动进入程序。由于航天器必须自己完成整个序列，因此所有的动作都被捆绑到称为"Do_ EDL"的单一指令中。执行最后的轨道修正操作之后，进入—下降—着陆团队便没什么可做的，只能坐下来观看事情发展。听到命令发出后，所有人都有一种感觉，感觉我们期待已久的着陆事件即将成真。虽然随后五天我们什么也没做，但是好奇号会靠自己着陆。

介于此次任务的规模和重要性，好奇号登陆将和夏季奥运会抢风头，争逐新闻版面。着陆将不会发生在西方国家的黄金时间段，着陆预计在晚上10:30（太平洋时间）。这是美国东海岸的半夜，欧洲的清晨。尽管如此，全世界仍然看似对"观看"着陆都很感兴趣。

实际上，这时几乎看不到火星上的东西，因为在进入—下降—着陆的初始阶段好奇号无法拍照。那时好奇号还在航天器的保护之中。必须等到数天之后，当好奇号的高增益天线部署后，在减速伞展开以及天空起重机降落期间拍的照片才可供观看。下降过程中提供的主要信息是连续的无线电信号。信号本身不含信息，只能表明航天器还活着。介于它所担任的角色，因此这信号被称为"心跳"。然而，通过仔细地测定无线电信号的频率，工程师还可以确定好奇号相对于地球接收天线的确切速度。由此，工程师可以判断好奇号的轨迹，降落伞、天空起重机操作是否按计划进行。信号还包含了一些关键事件的相关数据。信号将花费很长的时间传送到地球，所以当火星车以某种方式着陆时，我们还没收到它启动进入序列的信号——延迟13.8分钟。

当然，下降至火星表面的一路连续的心跳并不能保证着陆成功。好奇号也可能遭遇不测，底部朝天，就像一只垂死的甲虫脚朝天。又或者，好奇号的六个轮子可能没有部署到位，"瘫倒"在地。一旦着陆，好奇号会下达指令拍摄几张轮子在火星表面的照片。这些图片将由火星车的避障相机拍摄，这个相机旨在提供好奇号遭遇的任何危险的图像，这样火星车就可以绕过危险前进。图像的缩略图将由中继卫星奥德赛航天器先向上传输，在通过地平线以下之前完成传输。上行传输将使用低增益天线，即发射宽无线电波波束的天线。这种方式只能发送约1兆字节的数据（低于一部iPhone可以在单个图像中发送的数据），但这足以传送几张轮子在火星表面的模糊照片。更高质的图像必须等到第二天，届时波束更窄、数据传输率更高的高增益天线将被部署。

尽管着陆当晚数据缺乏，而且事发深夜，但美国、加拿大和欧洲等地均计划对其进行现场直播。在洛斯阿拉莫斯，山姆·克莱格随时待命招待当地科学博物馆的人群，在那个博物馆有场新展览即将开幕。馆内的大屏幕将直播美国国家航空航天局的新闻。纽约市的人则可以在时代广场的大屏幕上观看美国国家航空航天局的新闻直播。任何有兴趣在凌晨1:30观看直播的人都能遂愿。我的一位友人准备好用Skype和伦敦通信，伦敦的某个大会堂满是火星爱好者，而且火星车着陆是伦敦时间早晨6:30。在法国图卢兹上午7:30，有一千人观看了着陆直播。

在洛斯阿拉莫斯，原计划是团队成员的朋友和家属一起在博物馆30座的小剧院观看，小剧院有个大屏幕。但，距离着陆还有一周，眼看着要观看直播的人似乎越来越多，所以博物馆馆长决定也开放100座的大厅。最终，博物馆开放了更多的厅室。到了登陆那天，四百多位火星爱好者聚在了这里。大家很难在洛斯阿拉莫斯的市中心找到停车位。

美国国家航空航天局则是使出浑身解数宣传着陆。距离着陆还有一个月的时候，喷气推进实验室公布了《恐怖七分钟》(Seven Minutes of Terror) 的视频，该视频突出了着陆的棘手，并采访了进入一下降—着陆团队成员。视频公布时间大概是在独立日前后，强调 76 个烟火装置必须操作无误以保证成功着陆。随后其他视频也被公布了，视频中名人在谈论计划中的惊人登陆。各界显要和外国宇航局领导都收到了邀请函，到了登陆那天，喷气推进实验室衣冠云集。

团队成员用不同的方式处理压力和预期结果。对此，法国工程师勒内·佩雷斯表现出了非凡的勇气。勒内在洛斯阿拉莫斯国家实验室工作了六个月，协助化学与摄像机仪器的组装和测试。通常情况下，他对任何与宗教相关的事情都嗤之以鼻，但现在整个化学与摄像机仪器团队突然收到一封电子邮件，邮件内容是他在祖籍地附近一家小教堂祈祷的照片。照片附文解释道，他正全力以赴以确保着陆成功。

十天后，我们都收到了一份邀请，让我们观看勒内发布在 YouTube 的自己制作的《恐怖七分钟》视频。我们都猜不到这讲的是什么。视频开始是勒内把一台小相机绑在他胸前一根短杆上，这样他就能拍到自己的脸。从画面背景我们可以看出他身处小型机场。接着，他搭着一架螺旋桨飞机起飞了，越飞越高。现在我们可以看到货舱门开了，有个戴着头盔的人从背后和他绑在一起。然后，他和同伴一起从飞机上跳下。当勒内下降的时候，他满脸兴奋。气流很快就拍打着他的脸，撇开了他的双唇，让他的脸颊抖动。在着陆的过程中，他的手臂和手部像小翅膀般挥舞着，高度和角度也随之发生各种变化。随后，勒内的同伴拉开他背包的一条绳子，伴随在翼伞打开后的是剧烈的震动。两个人鼓掌欢呼，缓缓向地面旋停。一分钟后，他们降落在草地上，勒内的爱人跑上前欢迎他回到地面。据勒内所言，如果他能够挺过他恐怖的七分钟，那么好奇号也可以。当然，勒内会与我们在喷气推进实验室一起等待着陆。

着陆之夜，喷气推进实验室热闹非凡。所有有效载荷仪器的科学团队和操作团队都聚集在飞行项目大楼地下室的大厅。化学与摄像机仪器团队的成员：西尔维斯特、布鲁斯、勒内、史蒂夫、我和许多其他人都在房间不同的角落找到了自己的位置，和其他仪器团队的人待在一起。不同仪器团队的很多人都现身了，多数人都沉浸在一种节日的气氛中。各种仪器团队合影留念，科学家和工程师都处于同样的紧张状态。而我，忍不住想到起源号，想起好奇号可能会落得与起源号相同的下场。

大厅内有三百多位科学家和工程师。大厅前的大屏幕播放着好奇号的模拟画面，画面上太空舱和巡航车缓缓旋转，以星空为背景慢慢靠近火星。大屏幕一侧显示着着陆的距离、速度和时间。航天器距其目的地仍有25000多英里，但速度高达9000英里/时，因此距离数字快速变动。当我再次走进大厅，我可以看到屏幕上的火星更近更大。一侧的数字表明航天器正在加速，逐渐被火星重力吸引。

约翰·格勒青格宣布会议开始。他提醒我们能参与这一历史性任务是莫大的荣耀，这是继海盗号之后最大的任务。他提到一个事实，即我们的任务将是一次漫长而辉煌的冒险。许多仪器和强大的火星车即将展开它们的工作。接着，他请火星探测漫游者任务的负责人史蒂夫·斯奎尔斯上台讲话，史蒂夫鼓励我们要好好享受这场一生难得的盛事，享受随后的数天与数周。随后，约翰请我们观看几段与任务相关的视频，其中有一段是新的，其他几段是在这之前拍的。最后，我们无事可做，只能等待。

现在，一个屏幕上播放着模拟画面，另一个屏幕播放进入—下降—着陆团队坐在控制室的电脑前跟踪数据。所有人都身着蓝色马球衫，衣服上印有一个标志，是天空起重机在将火星车下降到火星表面。其中进入—下降—着陆团队成员陈艾伦已被选中向美国国家航空航天局和世界发布事件动态。

人们找到各自的位置之后，大厅渐渐安静下来。还剩17分钟，巡航级分离一经公布便引发整个大厅热闹的欢呼。接着，重物都被投弃了，这使太空舱能以重心离轴的姿态接近火星。这样一来，太空船经过盖尔环形山上空时便能自我引导。现在太空舱停止了缓慢旋转，然后它和行星形成一个很小的角度，将执行任务的一端朝向行星。在火星车进入之前，我们还要再等八分钟，这时人群变得躁动。好奇号现在距离火星表面不到1000英里，且以高于13000英里/时的速度在运行。

我看了看表，意识到此时此刻好奇号已经以某种方式在火星着陆，即使信号还要在14分钟之后才抵达地球。这一想法让我心生一种奇怪的感觉。不管结果是什么，事情已成定局！我站起身来，朝拥挤的大厅大喊，其实好奇号已经登陆火星了。人们默默赞同我的说法，然后回过头继续观看延迟的地球时间动态。

突然，下一则发布的消息吸引了我们的注意力，消息称太空舱现已在大气层上缘部分。在控制室里，陈艾伦正在累加加速度g值，大约一分钟后g值升至几乎接近10的高峰值，没过一会儿，加热值也达到了高峰值。航天器正在执行转向操作。控制室向我们保证，航天器运行良好，一切都正常。又等了一会儿，扬声器传来的"降落伞部署"在大厅里回荡。控制室和大厅都爆发出欢呼声。我等待着，观察进入一下降一着陆工作人员的脸，想从中找出一丝出问题的迹象。几乎在同一时间，热屏蔽开启了，这又引来了一阵欢呼声。此时雷达已启动，没过几秒，就发布了地表上雷达接收的信息，而且后来我们才知道这比预期更早接收到。现在，人群越来越兴奋。大约过了一分钟，进入一下降一着陆阶段被启动了，接着被从太空舱释放出来。我再次仔细观察控制室工作人员的神情，他们的脸都紧绷着，但一切看起来进行得很顺利。

陈艾伦开始倒数海拔高度：好奇号距离火星表面500米，100米，40米，然后，天空起重机开始操作了。大厅很静，唯有时钟滴答滴答。天空起重机已开始工作15秒，20秒，25秒。进入一下降一着陆团队某一成员挥舞拳头庆祝胜利，但没人欢呼雀跃。其他人开始向对方比不确定的手势。这正是我最担心的一刻，我们离成功那么近，但一切仍可能会发生致命的错误！但，突然传来了着陆确认的消息，控制室和大厅都爆发出狂热的欢呼声。科学家和工程师互相拥抱，在大厅跳上起舞。勒内擦拭眼角的泪水，对他来说，好奇号的恐怖七分钟比他自己的跳伞冒险更能挑动他的情绪。

我们都喜悦地互相道贺。但是我脑中仍留有一丝疑虑：我们怎能知道好奇号没有侧翻或者仰翻呢？真的顺利着陆了吗？然后，在欢呼声中，当第一个图像传过来时，所有人都停止了欢呼。起初我们只能看到图像较亮部分朝上，较暗部分朝下，这就足以确认好奇号着陆时头部朝上。欢呼声更加狂热了，这使我满心喜悦。很快，第二张图像也传过来了。现在，我们真的能看到轮子就在火星表面，就在照片的边缘。这实在太令人难以置信了，一切都非常完美！

工程师调节了图像的对比度和亮度，因此我们可以看出更多的细节。我们挤到大屏幕前面，这是我们第一次看到这个新世界的环境：火星表面由土壤和碎石构成，不是岩石。随即我们看到了一道崎岖的地平线，那是数英里外的环形山边缘。这将与勇气号和机遇号探索的平原大大不同。在第二张图像中，我们明显可以清楚地看到火星车投在地表上的影子。

虽然我们有了更清晰的图像，但我们注意到在照片中间显示的远处出现了一样奇怪的事物。这一无定形的事物在地貌上显得突兀，这是镜头上的尘埃吗？那晚，它仍是个谜。直到随后几天通过与其他图片对比，团队才能确认一个最惊人的事实：避障相机拍摄的第一张图是半英里外制动火箭成套设备下降阶段坠毁引起的浓烟。制动火箭成套设备已接受指令飞往安全的距离并落地。相机在正确的地点正确的方向拍下这一照片纯属巧合。

着陆几分钟后，我跑到媒体区。媒体已经在喷气推进实验室入口附近的冯卡尔曼礼堂设了工作点。我顺着一条黑漆漆的路走过去，经过装置好奇号三年的组装大楼。那时我能够进去，上楼到观景廊，看着白色的大型火星车，它在里面待着，有时看起来就像展览厅里的闪亮新车。现在这辆车就在另一个星球上，准备移动。这真是不可思议。

新闻发布会很热闹。美国国家航空航天局局长查尔斯·博尔登志得意满地赞扬美国人的聪明才智。他指出，其他国家的航天器都不曾在这颗红色星球着陆，而美国已经在那里成功登陆了 7 艘航天器，其中包括庞大的好奇号。博尔登的演讲差点被门外又吵又闹的叫声打断，控制室里所有 EDL 成员和参与相关事宜的人加起来有五十多个，他们都在门外大声喊"E-D-L！E-D-L！"最终，他们停止了呼喊，让博尔登完成演讲。之后，他们涌进门来，试图在过度拥挤的大厅绕场一圈庆祝胜利。

最终，当新闻发布会逐渐平息，操作人员也回到各自的岗位。二六四号建筑四楼的一个小房间专门腾出来让美国国家航空航天局和任务负责人观看下一组图像，这些图像是奥德赛轨道器在午夜之后的再次通过传下的。化学与摄像机仪器团队的一些成员悄悄地躲过警卫，高兴地报告道我们的仪器已经成功启动，而且在着陆一小时内就通过了电性能测试。所有的部件都很稳定，一切都顺利。于是，许多科学家都开始猜测火星车的具体着陆点。一天之后，着陆点确定了，就在距离目标点 1.5 英里的位置，这与 EDL 团队根据遥测技术预测的几乎一模一样。第二天，火星侦察轨道器发布了一张从轨道上拍到的照片，照片中好奇号的太空舱用降落伞往盖尔环形山降落。照片流传到媒体手中，之后才有人发现热屏蔽也在照片里，它正从下降的太空舱脱离。这张照片恰好是在投弃操作结束之际拍摄的。

那天晚上所有人都熬到很晚，有些人甚至待到了天亮，大伙儿都在接收所有新数据并珍惜这一经历。然而，这只是一个起点，未来我们将在这颗红色星球，在这片全新之地，在这处迷人之境展开探索。

后　记

第74个火星日。午夜刚过几分钟，此时我与60位科学家和工程师正坐在两个半月前见证好奇号登陆的那个大厅里。在接下来一个半小时，科学家团队将分析并讨论好奇号最新发送回来的一批图像和光谱，直到下一批数据在凌晨2:30左右送达为止。然后，仪器团队将筛选新的结果，同时，小组其他成员将计划下一个火星日的活动。对某些人来说，适应火星时间已经是一件极具挑战性的事情，更何况还要适应新软件包、陌生环境、新仪器以及不同星球等令人困惑的事宜。不过，我的大部分同事已能成功应对这些挑战，享受这样间接在火星生存的工作生活。

好奇号现在位于格雷尔附近，此地由三种不同的地形组成，就在盖尔环形山最低点附近，距离布拉德伯里着陆点东北处约400米。火星车曾停在一处叫石巢的地方，在那里它首次把沙子铲到它的移动实验室。自着陆之后，好奇号的仪器已一一启动并测试。最先启动的是辐射评估探测器，该仪器能在飞行中操作。在着陆序列中，火星降落成像仪拍摄了史上第一部火星着陆影片——恐怖七分钟——让人误以为每分钟都得过得很容易。接着，桅杆相机让地球人看到很多关于火星的高分辨率彩色全景图，一览无余。紧接着，在火星车启动之前，用于探测火星表面水和冰的中子动态反照率测量仪，火星车环境监测站都启动了。终于机械臂连同安装在它上面的仪器都接受了测试，于是阿尔法粒子X射线分光计和火星手持透镜成像仪也启动了。最后，轮到了移动实验室仪器启动：火星样品分析仪开始嗅空气中的甲烷和其他气体，化学与矿物学分析仪对火星土壤进行了有史以来第一次矿物成分测量。最终，这两样仪器将采集岩石内部的样本。但是，研磨钻要再等一个月才能使用，得等喷气推进实验室火星测试场的测试结束。

化学与摄像机仪器在第 13 个火星日启动。桅杆部署后，科学团队下令让它拍摄周围环境，这样我们便可以为化学与摄像机仪器选择一个岩石目标。火星车操作者确保他们能有把握地指导桅杆，随后我们获得允许发射第一道激光。发射命令被送往火星，当火星车执行该命令时，我们小睡了一会儿。13 注定是我们的幸运数字。隔天我早早到场，同时火星将结束一个火星日。根据之前卫星经过火星车上空的时间，我们推测数据不应在数小时内经由下行线路传到地球。然而，就在我们刚到不久，我们的数据专家多特·德拉普突然起身，惊呼光谱已经传送到地球。正当我在把数据从主机服务器传输到我的笔记本电脑，西尔维斯特和几位法国同事抵达了。我敲下"频谱显示"按钮，屏幕上立即出现了一组漂亮的峰值。信号强烈又清晰，这是来自另一个星球的第一组激光诱导击穿光谱仪的数据。那天余下的时间就是一系列事项的混合：各种祝贺、与媒体代表和团队成员谈到我们所看到的情况、为接下来的活动指定计划。在科学评估会议上，法国团队成员为所有人准备了足量的香槟。在这之后是更多的庆祝活动。

化学与摄像机仪器的第一个目标看起来像我们所熟悉的玄武岩，但在随后数十天的火星日，该目标让位于各种火成岩，这些火成岩的成分与火星探测漫游者观察到的略有不同，这提醒了我们，我们对这颗伙伴星球的了解尚不够多。但我们所希望见到的沉积岩并没有让人失望。好奇号前几个火星日的行驶表明它穿越了古老的河床。那里有圆形鹅卵石，起初只是在布满沙砾的表面上看到几颗；随后，我们发现了一块砾岩石的正下方堆满了掉落的圆形鹅卵石，砾岩石是较小岩石胶合成的石块。只有流动的水或海岸线旁的波浪能磨圆这些石块。

盖尔环形山着陆地点让科学团队的兴奋之情愈涨愈高。最初是早期火星日的几张图像引发科学家的激动情绪，图像上是几英里外高高耸立的 16000 英尺高的大山。在以前所有任务中从未见过这样的画面，就连类似的也没有。接着就是意想不到的岩石成分，而最后便是砾岩石。早些时候曾抱怨盖尔环形山是差劲的着陆点选择的科学家现在对这些发现也感到非常兴奋，比原计划将更多的时间花在喷气推进实验室。他们意识到盖尔环形山不仅提供了可着陆的山，还提供了可供研究的迷人深坑，这两者与了解火星宜居性的目标都有着密切关系。

该团队目前正在为远程操作做准备。很快，我们与火星车的互动以及对它下的指令就能通过电话和网络在地球各点进行远程操作。我们的生活至少能在某些方面恢复正常，我们的生活再也不用受火星时间牵制。但是，只要好奇号仍在运行，不管运行的时间只剩遭遇不测时的一个火星日，抑或是 15 年，我们一直都是火星探险者。

从第 74 个火星日的有利角度来看，至今一切进展都非常顺利，这真是令人难以置信。当然，我们也遇到了一些困难：首先，我们担心天空起重机推进器激起的砂石可能已损坏火星车的零部件；其次，安装在桅杆中间的两个测量风速的传感器有一个损坏了；再次，甲板上一个重要硬件出现了一条凹痕；此外，将火星手持透镜成像仪部署在机械臂末端时必须格外小心，因为有迹象显示，在成像仪可部署的镜头盖边缘周围有一颗砾石。最后，除了一个传感器，一切都没问题。我们所有的辛苦和准备都有了回报：我们有了一台能在火星上正常工作的机器人。

随着好奇号往格雷尔三相点前进，一些老问题的答案也浮出水面，而新问题也随之而来：除了古老的河床，这里还有什么？我们会发现蒸发岩（湖泊干涸留下的盐类沉积）？我们会发现之前灰尘弥漫导致仪器没有看到的黏土吗？单凭这周在前往格雷尔的途中窥见的起伏地势看来，火山岩或许就是主要物质，不过现在下结论为时过早。我们看到了可能在熔岩冷却时形成的丝状纹理。在我们的科学讨论中，火山学家一直将杂乱无章的夏威夷熔岩流与好奇号桅杆相机拍的图片相提并论。熔岩在一个古老湖泊的底部能做什么？这让我们想起了古谢夫环形山——2004 年勇气号的着陆点。本来期望那里是个湖，但第一年里，勇气号只在那里发现来自熔岩池的玄武岩。不过，也许盖尔环形山的历史比我们所想象的更复杂。有些人认为这些物质也许包括了只能在水中形成的枕状熔岩。那么，水和熔岩是否可能曾在此共存呢？

还有，这一切对宜居性而言又意味着什么？跟随好奇号，我们将找到答案。

漂亮但阒无一人的火星地形让人感觉它像是一处被废弃的豪宅，那里什么都有，就是没有人。同样的日升日落，东方有座大山，车轮下的卵石嘎吱嘎吱响，日复一日，风吹沙轻扬。但那里荒无人烟。或许，未来某天情况会有所改变。

致　谢

　　本书所描述的冒险是数千人辛苦工作的结晶，其中有很多人将全部心血都注入到这些任务中，夜以继日地工作，做出很多牺牲。这当中有很多人都应该受到和我一样多的赞扬。单单好奇号火星车在喷气推进实验室研制时就有 3000 多人参与其中。就我负责的化学与摄像机仪器，为此大力付出的人数超过 180 个。美国国家航空航天局每个主要任务的挑选都有 100 多位计划审核人的参与，而且通常每个审核人都要投入数周时间。我衷心感谢曾为实现任务付出心血的所有人。

　　在此，我要特别感谢下列任务负责人：负责航天器和有效载荷的彼得·泰辛格、理查德·库克、切特·佐佐木、唐·斯威南姆、杰夫·西蒙德斯和埃德·米勒；负责科学的唐·伯内特、埃德·斯托尔珀、约翰·格勒青格。他们都是出色但平易近人的领导。就探索相关事宜，我要感谢上帝，感谢他创造了一个在每个新任务、每个新的十年中都能让我们大为惊奇的宇宙。我已经看到了五十年的发现，我在想，未来五十年，我们还能有幸发现什么：是新的物理维度，宇宙其他地方的智慧生命，亦或是其他事物？我只知道这将是意想不到的事情。

　　我还要感谢我的家人，感谢他们支持我的太空探索冒险以及撰写本书。格温已经很少抱怨自己是"太空寡妇"，但她的确一度当了数周的"寡妇"。我很幸运，她一直和我在一起，陪我当冒险家。我的两个儿子，卡森和艾萨克，比起其他很多孩子，他们很少在幼童军团和童子军中见到自己的父亲，我很感谢他俩支持我的事业。当然，我还要感谢我的父母，是他们鼓励我们离开山水小镇走进科学大世界。我还要谢谢我的哥哥道格拉斯，就火星方面，他对我有着特殊的影响。

同时，我也要感谢洛斯阿拉莫斯国家实验室的许多人，感谢他们鼓励我写下我们的冒险故事。

实际上这本书不完全是我个人的成就，它有很多编辑和评论家，其中包括苏珊·布朗克霍斯特、格温和卡森·韦恩斯、桑德拉和玛乔丽·纳特玛乔丽。最后，我还要感谢一些出版界人士：费莉西娅·艾什、高木蒂塞、桑德拉·贝里斯、凯茜·斯特雷克弗斯和巴西克出版社的其他员工，他们都为本书增色不少。

艺术家构想起源号航天器部署收集器的情景。这个直径为 5 英尺的太空舱位于航天器主要部分的上方，而太空舱盖在左上方。六边形的太阳风收集器排列在四个叠在一起的圆形电池板上以及样品科学罐的盖子内面，如图右下方。镀金的收集器位于图片中央。(图片来源：美国国家航空航天局/喷气推进实验室)

起源号在犹他州盐滩盐碱地的坠落地点。该返回舱以 200 英里/时的速度撞上地面。（图片来源：美国国家航空航天局/约翰逊航天中心）

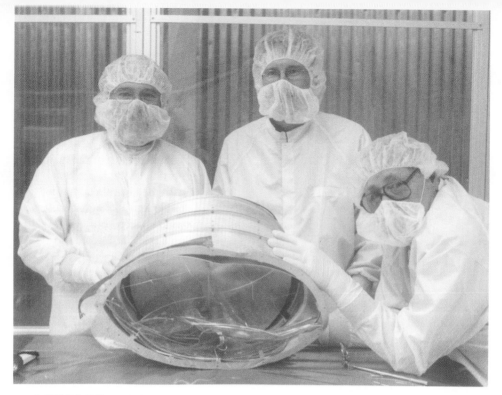

起源号收集器曾用于从太阳收集氧气和氮气。图为本书作者与技术员胡安·巴尔多纳多（左）和查克·弗林格（右）的合影。（图片来源：美国国家航空航天局/约翰逊航天中心）

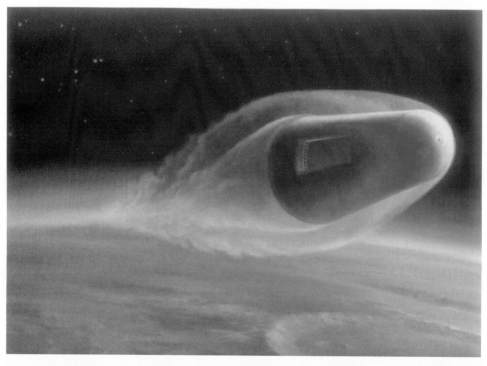

艺术家构想 3 月 29 号，搜集完尘埃和气体的火星勘测样本采集（SCIM）减速伞脱离火星大气返回到地球。（图片来源：M. agelberg/亚利桑那州立大学/美国国家航空航天局）

艺术家构想好奇号火星车在火星上射击岩石的露头。[图片来源：J.-L. Lacour/化学平衡与应用（CEA）/美国国家航空航天局/喷气推进实验室]

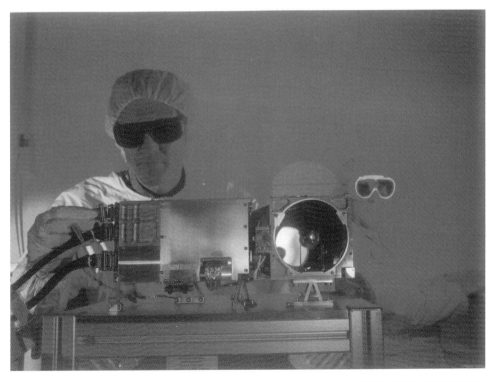

作者（前）和化学与摄像机仪器负责人布鲁斯·巴勒克拉夫（后）在测试化学与摄像机仪器激光仪器。蓝色模拟了激光护目镜所见画面。（图片来源：洛斯阿拉莫斯国家实验室）

法国团队负责人西尔维斯特·莫里斯摆好姿势接受化学与摄像机仪器工程模型相机的拍照，有效的拍照距离为65英尺。这是化学与摄像机仪器最早拍摄的一批照片之一。[图片来源：美国国家航空航天局/中心国家空间研究（CNES）/洛斯阿拉莫斯国家实验室/天体物理学和行星研究所（IRAP）]

在火星样品室里，化学与摄像机仪器从25英尺远的地方射出激光，让黄铁矿晶体产生火花。（图片来源：洛斯阿拉莫斯国家实验室）

作者在巴黎航空展上与真人大小的好奇号火星车模型合影。（图片来源：格温·韦恩斯）

美国国家航空航天局的好奇号工程原型稻草人火星车正在喷气推进实验室的火星模拟地攀爬 3 英尺高的巨石。稻草人的车轮和好奇号一样大，悬架和好奇号一样高，因此两者具有相同的攀爬能力，但稻草人的体积小，质量与火星上的好奇号相同。（图片来源：罗杰·韦恩斯）

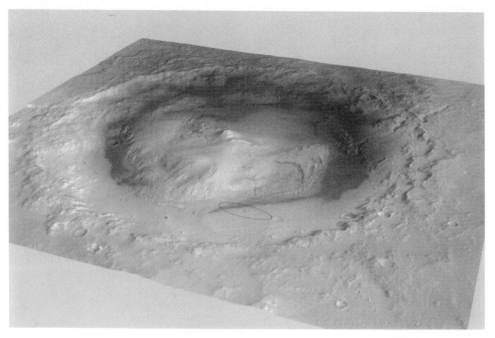

盖尔环形山着陆点，该陨坑的沉积岩层高于着陆椭圆区 3 英里（5 千米），环形山直径为 90 英里。（图片来源：美国国家航空航天局/喷气推进实验室–加州理工学院）

图为好奇号的太空舱和降落伞下降到盖尔环形山。由登上火星勘测轨道飞行器的 HiRISE 摄影机拍摄而成。（图片来源：美国国家航空航天局/喷气推进实验室–加州理工学院/亚利桑那大学）

艺术家构想天空起重机推进器用电缆控制重达1吨的好奇号火星车,轻缓地让其降落在火星表面。在天空起重机左侧可以看到地面感应雷达装置。(图片来源:美国国家航空航天局/喷气推进实验室–加州理工学院)

成像系统桅杆相机(Mastcam)从盖尔环形山最初采集的彩色全景图之一中的夏普山和好奇号影子。(图片来源:美国国家航空航天局/喷气推进实验室–加州理工学院/马林空间科学系统)

火星上的好奇号火星车桅杆上的化学与摄像机仪器在一个白色保护箱内。图为好奇号的机械臂用火星手持透镜成像仪（MaHLI）在透明防尘外壳仍在工作时的"自拍"。（图片来源：美国国家航空航天局/喷气推进实验室-加州理工学院/马林空间科学系统）

从布雷德伯里着陆点用成像系统桅杆相机100毫米远距离成像仪拍摄的夏普山底部峡谷口好奇号着陆点的增强版彩色图像。（图片来源：美国国家航空航天局/喷气推进实验室-加州理工学院/马林空间科学系统）